资源循环科学与工程专业规划教材

INTRODUCTION TO THE DESIGN OF SOLID WASTE RESOURCE ENGINEERING

固体废弃物资源化工程设计概论

主　编　刘　银
副主编　万祥龙　王艳芬

中国科学技术大学出版社

内 容 简 介

本书是资源循环科学与工程(再生资源科学与技术)专业规划教材。全书共分八章,主要内容包括:固体废弃物资源化基本概况、工程设计的前期工作、典型固体废弃物(煤矸石、粉煤灰、废旧高分子材料、城市生活垃圾)资源化采用的工艺及设备、工程设计所需的其他专业知识、工程概算与技术经济分析等。

本教材可作为高等学校资源循环科学与工程专业本科生学习用书,也可供在材料工程、环境工程、化学工程领域从事科研、设计、生产的工程技术人员阅读参考。

图书在版编目(CIP)数据

固体废弃物资源化工程设计概论/刘银主编. —合肥:中国科学技术大学出版社,2017.1
ISBN 978-7-312-04097-9

Ⅰ. 固… Ⅱ. 刘… Ⅲ. 固体废物处理 Ⅳ. X705

中国版本图书馆 CIP 数据核字 (2016) 第 264487 号

出版 中国科学技术大学出版社
安徽省合肥市金寨路 96 号,230026
http://press.ustc.edu.cn
印刷 安徽省瑞隆印务有限公司
发行 中国科学技术大学出版社
经销 全国新华书店
开本 787 mm×1092 mm 1/16
印张 10.25
字数 256 千
版次 2017 年 1 月第 1 版
印次 2017 年 1 月第 1 次印刷
定价 32.00 元

前　　言

资源循环科学与工程（再生资源科学与技术）专业是国家战略新型产业的专业，在国民经济的各个领域中占有十分重要的战略地位。“固体废弃物资源化工程设计概论”是资源循环科学与工程专业的基础课程之一。本教材有利于学生掌握工程设计的基本程序、典型固体废弃物资源化工艺设计及设备选型的原则，以及工程设计所需的其他相关专业知识，为资源循环科学与工程专业学生从事复杂工程设计打下基础。

本书是根据资源循环科学与工程本科专业教育规范和教学大纲要求，结合当今固体废弃物资源化的新工艺、新设备和新成果，在参考借鉴国内外高校矿物加工工程、材料工程设计等相关教材的基础上编写而成的。其主要特点有：吸取了国内外同类教材之长，在重视资源循环科学与工程专业基础知识的同时，特别重视吸收了近年来固体废弃物资源化工程设计的研究成果和设计构思，使教材内容与实际工程设计融为一体，既突出了系统性、实用性、重点和难点，又紧密地与实际工程设计接轨，具有很强的可操作性和实践性。

本书共八章，以工艺设计为主线，阐述了固体废弃物资源化现状、工程设计的前期工作、典型大宗固体废弃物（煤矸石、粉煤灰、废旧高分子材料、城市生活垃圾）资源化工艺及设备、工程设计所需的其他专业知识、工程概算与技术经济分析。

本书编写分工如下：刘银编写第 1、2、6、7、8 章；王艳芬编写第 3、4 章；万祥龙编写第 5 章。全书由刘银统稿。

由于作者水平有限，编写时间短，书中不当之处在所难免，敬请广大读者批评指正。同时，由于编写时疏忽，某些引用和参考的文献可能被遗漏，敬请有关作者谅解。

最后，本书出版得到安徽省高等教育振兴计划、安徽省精品资源共享课程建设经费的资助。

编　者

2016 年 10 月

前　言

目　　录

第1章 绪 论

1.1 固体废弃物的定义、特性及分类

1.1.1 固体废弃物的定义

固体废弃物是指人类在生产、消费、生活和其他活动中产生的固态、半固态废弃物质，主要包括固体颗粒、垃圾、炉渣、污泥、废弃的制品、破损器皿、残次品、动物尸体、变质食品、人畜粪便等。

1.1.2 固体废弃物的特性

固体废弃物具有污染性、资源性和社会性。

1. 污染性

固体废弃物的污染性表现为固体废弃物自身的污染性和固体废弃物处理的二次污染性。固体废弃物可能有毒性、燃烧性、爆炸性、放射性、腐蚀性、反应性、传染性与致病性的有害废弃物或污染物，甚至含有污染物富集的生物，有些物质难降解或难处理，固体废弃物排放数量与质量具有不确定性与隐蔽性，固体废弃物处理过程中生成二次污染物，这些因素导致固体废弃物在其产生、排放和处理过程中对人们的视角和生态环境造成污染，甚至对身心健康造成危害。

2. 资源性

固体废弃物的资源性表现为固体废弃物是资源开发利用的产物以及固体废弃物自身具有一定的资源价值。固体废弃物是一类放错位置、低品质、低经济价值的资源，当条件改变后，固体废弃物有可能重新具有使用价值，成为生产的原材料、燃料或消费物品，因而具有一定的资源价值及经济价值。

3. 社会性

固体废弃物的社会性表现为固体废弃物的产生、排放与处理具有广泛的社会性。一是社会每个成员都产生与排放固体废弃物；二是固体废弃物的产生意味着社会资源的消耗，对

社会产生一定的影响；三是固体废弃物的排放、处理及固体废弃物的污染性影响他人的利益，即具有外部性(外部性是指活动主体的活动影响他人的利益)。

1.1.3　固体废弃物的分类

根据固体废弃物来源，固体废弃物可以分为生活废弃物、工业固体废弃物和农业固体废弃物。

1. 生活废弃物

生活废弃物是指在日常生活中或者为日常生活提供服务的活动中产生的固体废弃物以及法律、行政法规规定视为生活垃圾的固体废弃物，包括城市生活废弃物和农村生活废弃物，由日常生活垃圾、保洁垃圾、商业垃圾、医疗服务垃圾、城镇污水处理厂污泥、文化娱乐业垃圾等为生活提供服务的商业或事业所产生的垃圾组成。典型城市生活垃圾组成及热值分析如表 1.1 所示。

表 1.1　城市生活垃圾组成的典型组分及热值分析数据

组　　成	典型组分(质量分数，%)				热值(kJ/kg)		
	水分	挥发分	固定碳	不可燃分	湿基	干基	不含水分和灰分
食物							
脂肪	2.0	95.3	2.5	0.2	37 530	38 296	38 374
混合食品废物	70.0	21.4	3.6	5.0	4 175	13 917	16 700
水果废物	78.7	16.6	4.0	0.7	3 970	18 638	19 271
肉类废物	38.3	56.4	1.8	3.1	17 730	28 970	30 516
纸制品							
卡片纸板	5.2	77.5	12.3	5.0	16 380	17 278	18 240
杂志	4.1	66.4	7.0	22.5	12 220	12 742	16 648
白报纸	6.0	81.2	11.5	1.3	18 550	19 734	20 032
混合废纸	10.2	75.9	8.4	5.4	15 810	17 611	18 738
浸蜡纸板箱	3.4	90.9	4.5	1.2	26 345	27 272	27 615
塑料							
混合废塑料	0.2	95.8	2.0	2.0	32 000	32 064	32 720
聚乙烯	0.2	98.5	0.1	1.2	43 465	43 552	44 082
聚苯乙烯	0.2	98.7	0.6	0.5	38 190	38 266	38 216
聚氨酯	0.2	87.1	8.3	4.4	26 060	26 112	27 316
聚乙烯氯化物	0.2	86.9	10.8	2.1	22 690	22 735	23 224
木材、树枝等							
花园修剪垃圾	60.0	30.0	9.5	0.5	6 050	15 125	15 316
木材	50.0	42.3	7.3	0.4	4 885	9 770	9 840
坚硬木材	12.0	75.1	12.4	0.5	17 100	19 432	19 542
混合木材	20.0	67.9	11.3	0.8	15 444	19 344	19 500

续表

组 成	典型组分(质量分数,%)				热值(kJ/kg)		
	水分	挥发分	固定碳	不可燃分	湿基	干基	不含水分和灰分
皮革、橡胶、衣物类							
混合废皮革	10.0	68.5	12.5	9.0	18 515	20 572	22 858
混合废橡胶	1.3	83.9	4.9	9.9	25 330	25 638	28 493
混合废衣物	10.0	66.0	17.5	6.5	17 445	19 383	20 892
玻璃、金属类							
玻璃和矿石	2.0	—	—	96～97	196	200	200
金属、罐头壳	2.0	—	—	96～97	1 425	1 500	1 500
黑色金属	2.0	—	—	96～97	—	—	—
有色金属	2.0	—	—	96～97	—	—	—
其他							
办公室清扫垃圾	3.2	20.5	6.3	70.0	8 535	8 817	31 847
城市废弃物	15～20	30～60	5～15	9～30	10 470	13 090	17 450

2. 工业固体废弃物

工业固体废弃物是指工业生产活动中产生的固体废弃物,包括工业废渣、废屑、污泥、尾矿等废弃物。典型的工业固体废弃物来源与种类如表1.2所示。

表1.2 工业固体废弃物来源与种类

工业类型	产废工艺	废物种类
军工及副产品	生产、装配	金属、塑料、橡胶、木材、织物等
食品类产品	加工、包装、运送	肉、油脂、蔬菜、水果、果壳等
织物产品	编织、加工、染色、运送	织物及过滤残渣
服装	裁剪、缝制、熨烫	织物、纤维、金属、橡胶、塑料
木材及木制品	锯床、木质容器、各类木制产品、生产	碎木头、刨花、锯屑、金属、塑料、胶、涂料等
木制家具	家庭及办公家具的生产、隔板、床垫,办公室和商店附属装置	同上,还有织物、衬垫等
金属家具	家庭及办公家具的生产、锁、弹簧、框架	金属、塑料、树脂、玻璃、木头、橡胶、织物等
纸类产品	造纸、纸和纸板制品、纸板箱及纸容器的生产	纸和纤维残余物、化学试剂、包装纸及填料等
印刷及出版	报纸出版、印刷、平板印刷、装订	纸、白报纸、卡片、金属、化学试剂、墨、扣钉等
化学试剂及其产品	无机化学制品的生产和制备(药品、涂料、油漆等)	有机和无机化学制品、金属、塑料、涂料、溶剂等

续表

工业类型	产废工艺	废物种类
石油精炼及其工业	生产铺路和覆盖屋顶的材料	沥青和焦油、石棉、织物、纤维等
橡胶及各种塑料制品	橡胶和塑料制品加工业	橡胶和塑料碎料、化合物染料等
皮革及皮革制品	皮革和衬垫材料加工业	皮革碎料、线、染料、油等
石头、黏土及玻璃制品	平板玻璃、玻璃加工制作、混凝土、石头及石头产品、研磨料、石棉及各种矿物质的生产及加工	玻璃、水泥、黏土、陶瓷、石膏、石头、纸、研磨料
金属工业	冶炼、铸造、锻造、冲压、滚轧、成型	黑色及有色金属碎料、炉渣、铁屑、润滑剂等
金属加工产品	金属容器、手工工具、非电加热器、管件附件加工产品、农用机械设备、金属丝和金属的涂层与电镀	金属、尾矿、炉渣、铁屑、涂料、溶剂、润滑剂等
机械(不包括电动)	建筑、采矿设备、电梯、输送机、卡车、拖车、升降机、机床等	炉渣、尾矿、铁芯、金属碎料、木材、塑料、树脂、橡胶、涂料等
电动机械	电动设备、机床、冲压、焊接机械等	金属碎料、炭、玻璃、橡胶、树脂、纤维、织物等
运输设备	摩托车、卡车、飞机、船舶等	金属碎料、玻璃、橡胶、塑料、树脂、纤维、织物、石油产品等
专用控制设备	生产工程、实验室及研究仪器等	金属、玻璃、橡胶、塑料、树脂、纤维、织物等
电力生产	发电设备等	粉煤灰(飞灰、炉渣)、石膏等
采选工业	煤炭、冶金等采选设备	煤矸石、尾矿
其他生产	珠宝、银器、电镀制品、玩具、运动物品等	金属、玻璃、橡胶、塑料、树脂、纤维、织物等

3. 农业固体废弃物

农业固体废弃物是指农业生产活动中产生的固体废弃物，包括种植业、林业、畜牧业、渔业、副业五种农业产业产生的废弃物。

除上述分类方式外，还可根据废弃物的性质、危害性、形态和处理方法等进行分类。根据性质，固体废弃物可分为有机物和无机物；根据危害性，可分为一般废弃物和有害废弃物；根据形态，可分为固态(块状、粒状、粉状)和泥状废弃物；根据废弃物处理方法可分为可燃物和不可燃物等。

1.2 固体废弃物处理处置与资源化

固体废弃物的处理处置通常是指用物理、化学、生物、物化及生化方法把固体废弃物转化为适于运输、贮存、利用或处置的物体的过程，固体废弃物处理的目标是无害化、减量化、资源化。有人认为固体废弃物是“三废”中最难处置的一种，因为它包含的成分相当复杂，其物理性状（体积、流动性、均匀性、粉碎程度、水分、热值等）也千变万化，要达到上述“无害化、减量化、资源化”目标会比较困难，一般防治固体废弃物污染的方法首先是要控制其产生量，例如，逐步改革城市燃料结构（包括民用工业），控制工厂原料的消耗，定额提高产品的使用寿命，提高废品的回收率等；其次是开展综合利用，把固体废弃物作为资源和能源对待，实在不能利用的则经压缩和无毒处理后变为终态固体废弃物，然后再填埋和沉海，主要采用的方法包括压实、破碎、分选、固化、焚烧、生物处理等。

1. 压实技术

压实是一种通过对废弃物实行减容化、降低运输成本、延长填埋寿命的预处理技术，它是一种普遍采用的固体废弃物的预处理方法，如对汽车、易拉罐、塑料瓶等通常首先采用压实处理，适用于压实减少体积处理的固体废弃物。对于那些可能使压实设备损坏的废弃物不宜采用压实处理，某些可能引起操作问题的废弃物，如焦油、污泥或液体物料等，一般也不宜做压实处理。

2. 破碎技术

为了使进入焚烧炉、填埋场、堆肥系统等废弃物的外形减小，必须预先对固体废弃物进行破碎处理，经过破碎处理的废物，由于消除了大的空隙，不仅尺寸均匀，而且质地也均匀，在填埋过程中容易压实。固体废弃物的破碎方法很多，主要有冲击破碎、剪切破碎、挤压破碎、摩擦破碎等，此外还有特殊的低温破碎和混式破碎等。

3. 分选技术

固体废弃物分选是实现固体废弃物资源化、减量化的重要手段，通过分选将有用的成分选出来加以利用，将有害的成分分离出来；另一种是将不同粒度级别的废弃物加以分离。分选的基本原理是利用物料的某些特性方面的差异，将其分离开。例如，利用废弃物中的磁性和非磁性差别进行分离；利用粒径尺寸差别进行分离；利用密度差别进行分离等。根据不同性质，可设计制造各种机械对固体废弃物进行分选，分选包括手工捡选、筛选、重力分选、磁力分选、涡电流分选、光学分选等。

4. 固化处理

固化是通过向废弃物中添加固化基材，使有害固体废物固定或包容在惰性固化基材中的一种无害化处理过程，经过处理的固化产物应具有良好的抗渗透性、良好的机械性以及抗浸出性、抗干湿、抗冻融特性。固化处理根据固化基材的不同可分为沉固化、沥青固化、玻璃固化及胶质固化等。

5. 焚烧热解

焚烧是将固体废物高温分解和深度氧化的综合处理过程，好处是大量有害的废料分解而变成无害的物质。由于固体废弃物中可燃物的比例逐渐增加，采用焚烧法处理固体废弃物利用其热能，已成为发展趋势。此种处理方法，固体废弃物占地少，处理量大。为保护环境,焚烧厂多设在10万人以上的大城市,并设有能量回收系统。日本由于土地紧张,采用焚烧法逐渐增多,焚烧过程获得的热能可以用于发电,利用焚烧炉生产的热量可以供居民取暖,用于维持室温等。日本及瑞士每年会把超过65%的都市废料进行焚烧处理使能源再生。但是焚烧法也有缺点,如投资较大,焚烧过程排烟造成二次污染,设备锈蚀现象严重等。热解是将有机物在无氧或缺氧条件下高温(500～1 000 ℃)加热,使之分解为气、液、固三类产物。与焚烧法相比,热解法则是更有前途的处理方法,它最显著的优点是基建投资少。

6. 生物处理

生物处理技术是利用微生物对有机固体废物的分解作用使其无害化,可以使有机固体废物转化为能源、食品、饲料和肥料,还可以从废品和废渣中提取金属,是固体废弃物资源化的有效技术方法,如今应用比较广泛的有:堆肥化、沼气化、废纤维素糖化、废纤维饲料化、生物浸出等。

当前,固体废弃物的科学处理处置和资源化利用有着十分重要的意义:

(1) 固体废弃物资源化是缓解我国资源匮乏的有效途径。

(2) 固体废弃物资源化是减轻环境污染的有效措施。

(3) 固体废弃物资源化是节约利用资源的有效手段。

(4) 固体废弃物资源化是保障国家经济安全的有效举措。

1.3 固体废弃物资源化工程设计

工程设计是基本建设和技术改造的一个重要环节。基本建设是指利用各种途径获得的资金进行以扩大生产和再生产为目的的新建、扩建、改建工程及有关工作。技术改造把国内外科技成果和先进技术应用于企业的生产环节,实现生产能力、品种、质量的提高以及能源、原材料、对环境不利影响和劳动强度的降低,全面提升社会经济综合效益。

无论是新建还是改建、扩建,项目的成败优劣首先取决于设计。工程设计的任务是按照国家或国内外客户要求的产量和质量标准,综合国内外已成熟的工厂设计和专业设计的最优方案,充分考虑我国国情及企业以后的发展,力求做到技术先进可靠、技术经济合理、安全实用、节能环保的整体设计方案,使工厂建成后能够获得预期的经济和社会效益。

固体废弃物资源化工程设计是由工艺、土建、电气、动力、给排水、采暖通风和技术经济等专业共同劳动的成果,是集体智慧的结晶。在固体废弃物资源化工程设计中,工艺起主导作用。首先由工艺设计人员确定生产方法及工艺流程、工艺计算、专业设备、总平面及车间布置,然后根据工艺特点及车间布置向各有关专业提出要求。因此,工艺设计人员不仅要精通工艺,还必须掌握与工艺有关的其他专业知识,并与其他专业人员相互配合,共同研究,达成共识,才能产生较好的设计方案。

第2章　设计的前期工作

2.1　基本建设程序

建设程序是对基本建设项目从酝酿、规划到建成投产所经历的整个过程中的各项工作的先后顺序的规定。它反映工程建设各个阶段之间的内在联系，是从事建设工作的各有关部门和人员都必须遵守的原则。

基本建设程序一般包括三个时期和六项工作。其中三个时期即投资决策时期（基本建设前期）、建设时期和生产时期。六项工作即编制和报批项目建议书、编制和报批可行性研究报告、编制和报批设计文件、建设准备工作、建设实施工作（施工组织和生产准备）、项目施工验收投产经营后评价等，顺序不能任意颠倒，但可以合理交叉。表2.1简洁说明了基本建设程序划分及各环节之间的关系。

表2.1　基本建设程序划分及各环节之间的关系

<table>
<tr><th colspan="2">投资决策时期</th><th>建设时期</th><th rowspan="3">生产时期</th></tr>
<tr><th>技术经济调查</th><th>设计</th><td rowspan="2">1. 施工图设计
2. 施工准备
3. 施工与安装
4. 试生产
5. 竣工验收</td></tr>
<tr><td>1. 材料工业发展规划
2. 再生资源情况
3. 项目建议书
4. 可行性研究报告
5. 工程、水文地质勘探、地形测量</td><td>初步设计</td></tr>
</table>

2.2　环境影响评价

据《中华人民共和国环境影响评价法》，环境影响评价是指对规划和建设项目实施后可能造成的环境影响进行分析、预测和评估，提出预防或者减轻不良环境影响的对策和措施，进行跟踪监测的方法与制度。

建设对环境有影响的项目，不论其投资主体、资金来源、项目性质和投资规模，都应当依照《中华人民共和国环境影响评价法》和《建设项目环境保护条例》的规定，进行环境影响评价，并向环境保护行政主管部门报批环境影响评价文件。

实行审批制的建设项目,建设单位应在报送可行性研究报告前完成环境影响评价文件报批手续;实行核准制的建设项目,建设单位应在提交项目申请报告前完成环境影响评价文件报批手续;实行备案制的建设项目,建设单位应在办理备案手续后和项目开工前完成环境影响评价文件报批手续。

2.2.1 环境影响评价工作的程序

(1) 办理委托手续——建设单位和评价单位办理环评委托手续。

(2) 前期工作——落实评价人员、调研、资料、踏勘现场。

(3) 编制环评大纲——根据工作特征、环境特征和环保法规编写大纲。

(4) 专家评审——召开专家会对大纲进行评审。

(5) 大纲报批——审批。

(6) 签订环评合同——建设单位与评价单位签订评价合同。

(7) 开展评价工作——环境现状监测、工程、分析、模式计算。

(8) 编制报告书——提出环保对策与建议给出结论。

建设项目的环境影响报告书应当包括下列内容:① 建设项目概况。② 建设项目周围环境现状。③ 建设项目对环境可能造成影响的分析、预测和评估。④ 建设项目环境保护措施及其技术、经济论证。⑤ 建设项目对环境影响的经济损益分析。⑥ 对建设项目实施环境监测的建议。⑦ 环境影响评价的结论。⑧ 专家评审——主持专家会对报告进行评审。⑨ 报告书报批——根据评审意见、报告书修改补充后,由建设单位上报环保管理部门。

2.2.2 环境影响评价工作的审批

据《中华人民共和国环境影响评价法》和国家环保总局、国家发展改革委 2004 年 12 月 2 日下发的《国家环保总局、国家发展改革委关于加强建设项目环境影响评价分级审批的通知》(环发〔2004〕164 号),由国务院投资主管部门核准或审批的建设项目,或国务院投资主管部门核报国务院核准或审批的建设项目及对环境可能造成重大影响的建设项目由国家环保总局审批外,其他建设项目由地市级以上环境保护行政主管部门审批。建设项目环境影响评价审批工作流程如图 2.1。

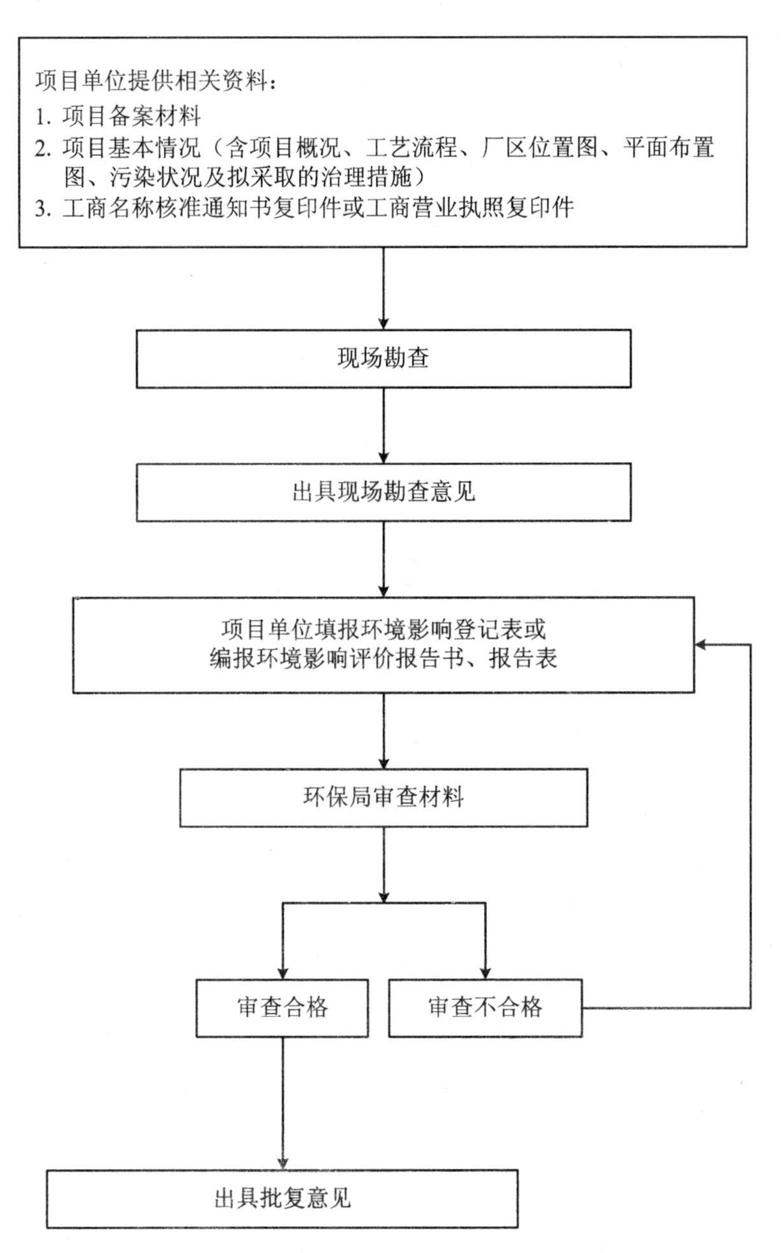

图 2.1　建设项目环境影响评价审批工作流程图

2.3　项目申请报告

项目申请报告是企业投资建设应报政府核准的项目时，为获核准机关的行政许可，按核准要求报送的项目论证报告，其重点阐述项目的外部性和公共性等事项。按照《项目申请报告通用文本》的规定，项目申请报告包括以下内容：

（1）申报单位及项目概括。

(2) 发展规划、产业政策和行业准入分析。
(3) 资源开发及综合利用分析。
(4) 节能方案分析。
(5) 建设用地、征地拆迁及移民安置分析。
(6) 环境和生态影响分析。
(7) 经济影响分析。
(8) 社会影响分析。
(9) 项目建设资金情况。

2.4 可行性研究

可行性研究是企业从自身需要出发，为防止和减少投资失误、保证投资效益，对项目的市场前景、经济效应、资金来源、产品技术方案等内容进行分析论证，作为投资的重要依据。

2.4.1 可行性研究的基本任务

可行性研究是依据上级主管部门批准的项目建议书或企业建设规划进行编制的。其基本任务是对拟建项目中的原则问题，如市场需求、资源条件、建设规模、产品方案、工艺流程、厂址、外部条件、环保方案、基建投资、资金筹措、建设进度、经济效果、环境影响和竞争能力等进行分析论证，从而对该项目是否建设、如何建设做出结论并编写可行性研究报告。

可行性研究报告经上级主管部门批准后，一般可起到如下作用：

(1) 作为平衡国民经济建设规划、确定工程建设项目、编制和审计设计任务书的依据。
(2) 作为筹措资金、向银行申请贷款、控制基建投资的初步依据。
(3) 作为建设单位与建设项目有关各部门签订合同、协议的初步依据。
(4) 作为编制新技术、新设备研制计划及大型专用设备预订货的依据。
(5) 作为从国外引进技术、引进设备、与国外厂商谈判和签约的依据。
(6) 作为工程建设安排前期工程(如补充地质勘探、试验研究、补测地形图等)的依据。
(7) 作为向有关部门委托环境评价的依据。

2.4.2 可行性研究的内容

根据国家对工业建设项目可行性研究编制内容的规定，结合固体废弃物资源化的具体情况，其项目可行性研究报告主体一般要求具备以下内容：

(1) 总论。对项目提出的背景、建设的必要性、经济意义、研究工作的依据和范围等进行说明，对项目的可行性提出建议。

(2) 产品需求、价格、销售等方面的预测；对拟建规模、产品方案进行研究，并推荐最佳方案。

(3) 厂址方案和建厂条件。主要包括建厂的地理位置、气象、水文、地质、地形条件和社会经济状况;交通运输及水、电、气的现状和发展趋势;厂址方案比较和选择意见。

(4) 拟建内容、建设条件的论证及方案比较,包括:① 项目的构成范围;② 资源等情况的述评;资源、原料、材料、燃料及公用设施情况,包括资源储量、品位、成分、利用条件的评述;原料、辅助材料、燃料的种类、数量、来源和供应的可行性;所需公用设施的数量、供应方式和供应条件;其他协作配套条件;③ 工艺流程的初步确定及主要设备选型方案的比较;④ 外部条件(外部运输、供水、供电、燃料及生产中所需特殊材料供应情况)的论证;⑤ 土建结构形式的初步选择;⑥ 公用辅助设施和厂内运输方式的初步选择;⑦ 全场布置方案的初步选择(对改建和扩建项目还要说明对原有固定投资的利用情况)。

(5) 设计方案。主要阐明项目应采用的生产方法、工艺流程、重要设备及相应的总平面布局,主要车间(工段)组成及建筑物、构筑物形式等。在此基础上,估算土建和其他工程量,进行公用辅助设施和厂内外交通运输方式的比较、选择。

(6) 企业组织、劳动定员和人员培训计划。

(7) 建设工期和实施进度的建议。从确定建设项目到正常生产这段时间,将项目实施时期的各工作环节进行统一规划,综合平衡,做出切合实际的安排。

(8) 投资估算和资金的筹措,包括:① 主体工程和辅助配套工程所需的投资;② 生产流动资金的估算;③ 资金来源、筹措方式及贷款的偿还方式。

(9) 环境保护和劳动安全。主要内容包括:调查环境保护的现状,预测建设项目对环境的影响,提出环境保护和"三废"治理的初步方案。

(10) 经济效益和社会效益评价。

(11) 存在问题、解决方法(或途径)的建议。

(12) 其他附表和附图。

可行性研究除提供文字报告外,还要提供本专业主要工作成果的图纸,如交通位置图、总体布置图、厂区总平面图,电气专业应提供全厂供电系统图、工艺流程图、工艺建筑物联系图、主要设备表、投资估算表等附件、附表、附图。

2.5 厂址选择

2.5.1 厂址选择的原则与要求

厂址选择是一项包括政治、经济、技术的综合性工作,必须贯彻国家建设的各项方针政策,多方案比较论证,选出投资省、建设快、运营费用低、具有最佳经济效益、环境效益和社会效益的厂址。

1. 基本原则

(1) 符合所在地区、城市、乡镇总体规划布局。

(2) 节约用地,不占用良田及经济效益高的土地,并符合国家现行土地管理、环境保护、水土保持等法规有关规定。

(3) 有利于保护环境与景观,尽量远离风景游览区和自然保护区,不污染水源,有利于三废处理,并符合现行环境保护法规规定。

2. 厂址选择的要求

关于厂址选择的各项要求如表 2.2 所示。

表 2.2 厂址选择的要求

项目	要求
原料、燃料及产品销售	1. 接近原料厂地及产品销售地区,运输方便; 2. 燃料质量符合要求,保证供应
面积	1. 厂区用地面积应满足生产工艺和运输要求,并预留扩建用地; 2. 有废料、废渣的工厂,其堆存废料、废渣所需面积应满足工厂服务年限的要求; 3. 居住用地应根据工厂规模及定员,按国家、省、市所规定的定额,计算所需面积; 4. 施工用地应根据工厂建设规模、施工人数、临建安排等因素考虑
外形与地形	1. 外形应尽可能简单,如为矩形场地,长宽比一般控制在 1∶1.5 之内较经济合理; 2. 地形应有利于车间布置、运输联系及场地排水,一般情况下,自然地形坡度不大于 5‰,丘陵坡度不大于 40‰,山区建厂坡度不超过 60‰为宜
气象	1. 考虑高温、高湿、云雾、风沙和雷击地区对生产的不良影响; 2. 考虑冰冻线对建筑物基础和地下管线铺设的影响
水文地质	1. 地下水位最好低于地下室和地下构筑物的深度,地下水对建筑基础最好无侵蚀性; 2. 了解蓄水层水量
工程地质	1. 应避开发震断层和基本烈度高于九度的地震区,泥石流、滑坡、流沙,溶洞等危害地段,以及较厚的三级自重湿陷性黄土、新近堆积黄土、一级膨胀土等地质恶劣区; 2. 应避开具有开采价值的矿藏区、采空区,以及古井、古墓、坑穴密集的地区; 3. 场地地基承载力一般应不低于 0.1 MPa
交通运输	1. 根据工厂运货量、物料性质、外部运输条件、运输距离等因素合理确定采用的运输方式(铁路、公路、水运、空运); 2. 运输路线应最短,方便,工程量小,经济合理
给水排水	1. 靠近水源,保证供水的可靠性,并符合生产对水质、水量、水温的要求; 2. 污水便于排入附近江河或城市排水系统
协作	应有利于同相邻企业和依托城市(镇)在科技、信息、生产、修理、公用设施、交通运输、综合利用和生活福利等方面的协作
能源供应	1. 靠近热电供应地点,所需电力、蒸汽等应有可靠来源; 2. 自备锅炉房和煤气站时,宜靠近燃料供应地,煤质应符合要求,并备有贮灰场地
居住区	1. 要有足够的用地面积和良好的卫生条件,有危害性的工厂应位于居住区夏季最小风向频率的下风侧,并需设有一定的防护地带; 2. 配合城市建设,宜靠近现有城市,以便利用城市已有的公共设施; 3. 靠近工厂,职工上下班步行不宜超过 30 min,高原与高寒地区步行不宜超过 15～20 min

续表

项　目	要　求
施工条件	1. 了解当地及外来建筑材料的供应情况、产量、价格，尽可能利用当地的建筑材料； 2. 了解施工期间的水、电、劳动力的供应条件，以及当地施工技术力量、技术水平、建筑机械数量、最大起重能力等
安全防护	1. 工厂与工厂之间、工厂与居住区之间必须满足现行安全、卫生、环保各项有关规定； 2. 必须满足人对水、电源的要求
其他	1. 厂址地下如有古墓遗址或地上有古代建筑物、文物时应征得有关部门的处理意见和同意建厂文件； 2. 避免将厂址选择在建筑物密集、高压输电线路地、工程管道通过地区，以减少拆迁； 3. 在基本烈度高于七度的地区建厂时，应选择对抗震有利的土壤分布区建厂； 4. 厂址不应选择在不能确保安全的水库下游与防洪堤附近

2.5.2 厂址选择的工作程序

厂址选择的工作程序一般可分为四个阶段。

1. 准备阶段

(1) 制定选厂指标：由设计总工程师组织总图、运输、工艺和技术经济等方面的设计人员对设计任务书进行研究。根据估算或参照类似工厂的指标，拟定本次选厂的各项指标，供现场选择厂址参考。

(2) 根据类似工厂的资料和选厂指标，拟定工厂组成、主要车间的面积和外形。

(3) 估算出堆场面积。

(4) 收集建厂地区地形、城市规划图、交通运输、地质、气象、水文和该地区工业建设及居民点等资料。

(5) 了解与有关单位和其他企业在生产和运输方面协作的可能性。

(6) 了解水、电、燃料、原料、材料供应的可能性。

(7) 编制总平面图。

(8) 估测全厂用地面积和外形。

(9) 估算总投资数。

(10) 估算施工期间建筑材料、用水、用电及劳动力用量。

(11) 拟定收集资料提纲。

2. 现场踏勘阶段

(1) 对初步选定的厂址实地察看，察看的厂址数量和范围按实际需要确定。

(2) 收集建厂区域的技术经济和设计基础资料。了解地质条件，对适合的厂址，需要进行初步勘探。

(3) 分析厂址的优缺点、合理性，了解和解决与建厂有关的问题。

(4) 取得与建厂有关的各种协议或证明文件。

3. 方案比较与论证

根据踏勘结果与收集的资料，从技术条件、建设费用、经营费用等进行多方案和全面的技术经济分析，然后提出较为理想的推荐方案及推荐理由。

4. 编写报告

完成方案比较和论证后，即可编写厂址选择报告。其内容包括：主管部门和建设单位的意见、依据的基础资料、再生资源工厂规模与生产工艺、组织工作的进行情况等；各厂址方案主要情况；各厂址方案比较情况；综合分析与最佳方案推荐；当地有关部门对推荐方案的意见。

2.6 设计资料、设计步骤和设计阶段

2.6.1 设计资料

1. 气象

气象资料可向中央或当地气象台取得。一般取近 20 年的，如受条件限制可取近 10 年的，少于 10 年时应取附近地区的气象资料作为参考。

(1) 气温：历年最高、最低气温，绝对最高、最低气温。

(2) 湿度：历年平均湿度和最高、最低湿度。

(3) 气压：历年平均气压和绝对最高、最低气压。

(4) 风向和风速：年、季、月平均风速，最大风速(级)，冬季、夏季和年主导风向及其频率，附风玫瑰图，以及当地有无台风及有关台风资料。

(5) 雷、雨和雪量：年、月平均和最大降雨量，1 d、1 h、10 min(5 min)内最大降雨量；年雷击天数，雷电活动季节和事故发生情况；最大积雪深度和积雪天数；降雹记录及破坏程度。

(6) 云雾、日照及其他：历年年平均晴、阴、雨、雪等的天数；每日日照小时数，冬季日照率；历年雾天数及每天小时数；历年逐月平均最大和最小蒸发量；地基土结冻程度。

2. 地质、地震

(1) 地质资料。

① 一般情况和特殊变化。

② 地层构造与分布，有无滑坡、崩塌、陷落、喀斯特和断层等现象。

③ 岩石钻孔柱网剖面图和地质剖面说明。

④ 厂区及附近是否有有用矿藏或地下文物。

⑤ 厂区地层是否有人为破坏情况。

⑥ 各层土的物理化学性质，如地耐力、酸碱度、颗粒分析、天然含水量、体积密度、重度、

液限、塑限、内摩擦角、黏聚力等。

⑦ 地下水深度、流向、静止水位、常年最高水位、水质、化学成分及对混凝土的侵蚀等。

(2) 地震资料。

① 发震背景、地震的活动性和地震频率。

② 地震的基本烈度。

3. 地形地貌

(1) 厂址及周围地形、地貌，厂址位置坐标，平均海拔等。

(2) 地形图。

① 区域位置地形图(1∶10 000 或 1∶50 000)，包括地理位置、交通联系、矿藏分布、电力电讯线路、水源或供水管网、污水处理排放、防洪排洪、河流、湖泊、山脉及现有企业和居民区的位置等。

② 厂区地形、地势图，用 1∶500 或 1∶1 000 比例。

③ 城市规划图，图上附电力、上下水系统和企业分布。

④ 铁路、公路、供水及供电所需地形图，用 1∶500 或 1∶1 000 比例。

⑤ 防洪所需的地形图，用 1∶2 000 或 1∶10 000 比例。

4. 交通运输

(1) 一般情况：包括原材料、燃料供应地点到厂区的距离和分布图，运输的方式和运价；生活区到厂区的距离和交通运输情况；厂区周围道路进入厂区的方向和连接处的标高。

(2) 铁路运输：包括铁路管理局名称或专用线所有单位；靠近厂址的铁路连接点或车站；可能接轨点的里程、路基及其上的建筑物；接轨点附近的纵断面和横断面；铁路系统的水准基点及标高；机车种类、牵引能力、通过时的最大空间尺寸，货车种类、车长、吨位和最大空间尺寸。

(3) 公路运输：包括厂区道路到厂外道路接线点的位置和标高；邻近铁路车站名称、到厂距离、装卸车的方式和时间；各种原料、材料和燃料到厂距离、运输方式、装卸车的方式和时间；成品和废料出厂的运输方式、到厂距离、装卸车的方式和时间；附近公路桥梁的最大载重量；雨季和冰雪期间公路的路面状况；运输价格和装卸费用。

(4) 水运：河道通航情况及条件、船只形式、吨位、吃水深度、使用码头及装卸方式；码头到厂距离、装卸方式和时间；枯水的周期、枯水时间、能否通航和运输吨位；洪水的周期、洪水时间、能否通航和运输吨位；河道封冻周期和时间，封冻期运输的可能性和运输方式；水运价格及装卸方式。

(5) 空运及其他：附近机场的名称、位置、类型、等级和允许降落的机型及吨位；公共汽车、电车、地铁及其他运输系统情况。

5. 水文和水源

包括地面水(河水、湖水、水库)、城市自来水、消防用水、污水等，涉及位置、水质、水量、流速、流量、水位、水深、补给量、作为生产生活用水的可能性、可用量与价格、周围环境及设施的影响、现有给排水设施的使用与修建、社会协作等相关资料。

6. 原料、辅助材料、燃料

(1) 原料:原料的性质;各种原料的储量、开采情况、质量及稳定性;原料的来源、价格和运输价格等情况。

(2) 辅助材料:供应情况包括品种、规格、质量、供应地点、价格及运输;协作情况(包括生产用具、机修零配件等相关情况)。

(3) 燃料:燃料的性质、供应情况,如供应地点、价格及运输价格、燃料保证供应的程度和储量等。

7. 动力供应

涉及电、煤气、天然气、压缩空气、热等的性质及相关参数;各种动力总量、发展规划及可供给量;距离、价格、接入方式等。

8. 厂区附近情况

包括邻近乡镇的社会、经济、文化概况,当地的生活习惯、文化生活设施现状及发展规划;厂区内现有建筑物等情况;邻近企业的性质、规模、发展远景,与本企业协作的可能性;当地农业生产概况及对本企业有利、不利的因素;当地居民参与工厂建设与生产的可能性等。

9. 施工条件

包括施工场地的面积和位置;地方建材供应情况;地方施工人员、设备数量与质量;施工运输条件;施工水、电等的供应情况。

10. 概预算

建厂地区的建筑概预算定额、设备安装定额、材料价格与材料差价;当地的机械和电气产品目录和价格;当地土地征用费及各种补偿费用。

11. 技术经济

各种原料、材料和燃料的价格与运价;水、电等的价格;工厂需支付本厂各类人员的平均费用;当地类似工厂的综合折旧率、大修费率、固定资产留成比例、固定资产占用费的费率、流动资金数及利率;当地工商税率和地方附加税率;资金来源、利率和偿还年限要求。

12. 改建、扩建工程

现有工厂情况;现有工厂总平面布置图,与改建、扩建有关部分的现有车间工艺布置图,建筑物、构筑物的施工图及有关技术资料;现有工厂的各类工程技术管线的布置图和施工图,以及相关技术资料。

13. 证明及协议

政府相关部门提供的同意建厂证明,厂区及附近没有地下矿藏、文物证明,拨地、购地协议,水源地卫生防护地带允许取水的证明,建设地区地震烈度证明等;相关企事业单位提供的铁路专用线接轨及机车使用协议,同意水运、建码头及选取水源地点协议,城市供水协议,污水排入城市下水道或水体协议，电力与电讯供应协议，原料与燃料供应协议，以及与其他有关单位协作的协议等。

2.6.2　设计步骤

工厂设计是由包括工艺、土建、电力、动力、卫生、总图、运输和技术经济等多专业分工协作完成的综合性设计。如果其中某一部分特别是工艺发生错误，势必影响全局。为保证设计质量和进度，设计工作一般按以下步骤进行：

(1) 各专业详细研究各项建厂原始资料；

(2) 按资源勘察报告和工艺实验报告确定配方组成、生产方式和工艺流程；

(3) 按生产纲领和生产工艺流程进行物料平衡和设备选型计算；

(4) 按照基础资料和生产工艺流程进行总图和运输设计；

(5) 根据生产工艺流程和设备选型计算结果进行车间工艺设计；

(6) 工艺提供资料和要求后进行土建设计；

(7) 工艺和土建提供资料和要求后进行其他专业的设计。

2.6.3　设计阶段

设计工作应该由浅入深，一般分为初步设计、技术设计和施工图设计三个阶段。

1. 初步设计

(1) 设计目的

初步设计主要解决重大原则、方案和总体规划的问题，应满足以下要求：

① 确定设计原则、技术方案和主要技术经济指标，以便上级机关审查和指导下一阶段设计；

② 满足建设单位进行土地征购、设备订货和人员培训的需要；

③ 为施工单位创造施工条件，例如了解工程内容、准备施工设备和材料等；

④ 提出概预算，作为财务部门确定工程投资的依据。

(2) 设计任务

① 工厂总平面布置和运输设计：包括确定厂区的位置、生产车间、辅助车间、公用设施、仓库和堆场等的平面和竖向布置，以及场内外交通运输路线；

② 生产工艺流程、物料平衡计算、主要机械设备的选型与配置；

③ 主要车间工艺布置；

④ 建筑物和构筑物的结构形式；

⑤ 选择水和电的供应系统；

⑥ 辅助车间、生活福利设施的设计原则；

⑦ 环境保护、三废治理和劳动安全措施；

⑧ 全场劳动定员；

⑨ 主要建筑材料需要量；

⑩ 工程总概算；

⑪ 主要技术经济指标：包括厂区占地面积、建筑系数、土地利用系数，产品产量、质量，劳动生产率，原料、材料、燃料和水、电的消耗量，单位产品成本和投资额，投资回收期和收益率等。

(3) 设计成果

初步设计的最后成果包括说明书、图纸、职工人员表、设备明细表、主要材料表和工程总概算等。成品图纸包括厂区位置图，工厂总平面图，各车间工艺、建筑平面、立面图，全厂供电、供水系统图。初步设计说明书着重表达各项建厂条件、设计依据、设计原则、方案选择、装备水平、生产过程和主要技术经济指标等。

说明书的内容由以下几部分组成：

① 总论：概述所建工厂的全面情况，包括设计依据，生产方法，工厂规模，产品品种和数量，厂址概况，原料、材料、燃料、水和电的供应情况，交通概况，自然条件，企业协作情况，设备水平，新技术的采用，主要技术经济指标，存在的问题和建议等。

② 总平面、运输：厂区地理位置和地形，工厂的组成和分区，工厂总平面布置，工厂竖向布置，雨水排出和防洪措施，土石方工程量，全厂运输量，厂内外交通运输方式，厂内外道路形式和各项技术经济指标等。

③ 生产工艺：全厂工艺流程，采用新技术、新工艺和新设备的说明，原料品种、化学组成和工艺性能，配方，燃料种类、工业分析和热值，原料和燃料的来源，全厂物料平衡表，主要设备规格、数量、小时产量和利用率，原料仓库的规格、数量和存储期，车间的划分和工作制度，机械化、自动化程度和检修、搬运的情况。

④ 土建：主要厂房和民用建筑的结构和建筑处理，主要建筑物、构筑物一览表，附建厂区的工程地质、地下水、地震烈度、气象资料等设计基础资料。

⑤ 电气及控制测量仪表：供电方式、动力设备、照明、通信和控制测量仪表等。

⑥ 给排水：给排水的设计依据和说明。

⑦ 采暖通风：采暖、通风、除尘的设计依据和说明。

⑧ 动力：煤气站、供油站、空气压缩机站、锅炉房和厂区动力管网的设计和说明。

⑨ 环境保护：环保设计的依据、要求和措施，环境影响报告书或环境影响表，防止污染的工艺预期效果；对资源开采引起的生态变化所采取的防范措施；绿化设计，监测手段和环保投资的概预算等。

⑩ 劳动安全：劳动安全措施的设计依据，从生产、交通运输、防火、防灾等方面说明对厂区、车间、机械和电气设备等所采取的安全措施。

⑪ 技术经济：各专业在技术经济上的概括，主要技术经济指标的综合分析，附相应图表，对本设计做出技术经济评价，并得出结论。

在初步设计阶段要重视方案比较，应对不同的方案从技术经济角度分析论证，优选出最佳方案，以达到技术先进、经济合理和生产安全的要求。

2. 施工图设计

施工图是根据已批准的初步设计进行设计的，施工图必须确定所有设备、建筑物、构筑物、道路和管线的确切位置及相互之间的尺寸关系，施工图的深度应满足建筑厂房、安装设备、修筑道路和铺设管线的要求。施工图的内容如下：

（1）总平面布置和竖向布置图，要标明地下管线。

（2）建筑物、构筑物的平面、立面和结构详图，并附材料明细表。

（3）工艺平面图和剖面图，并附材料明细表。图上应标明柱网、设备的定位尺寸，地坑、地面、楼板、平台、轨道面、建筑物和构筑物的标高；车间内每层平面的设备及其基础的布置尺寸；检修孔、管线及非标准件穿过楼板、隔墙和屋面的孔洞位置及大小，保护栏杆、门窗、楼梯、走道和平台的位置，检修用起重设备和吊钩并注明起重量，大型设备的名称、规格，非标准件名称和外形尺寸。所有的设备、电机和非标件均按流程和主次编号，并附设备一览表和备注。

（4）工艺设备安装图：凡工艺平面图、剖面图不能表达清楚的部分均应给出局部基础图、设备安装图、非标件与设备连接图和料仓口位置图等。

（5）室内管线汇总图：比例尺寸应与工艺平面图一致，可直接绘制在工艺平面图上，也可单独绘制管线图。图上需标出管线的规格、定位尺寸、管线系统起止点、弯头角度和半径、架设固定方法等。

（6）非标准件图：例如料仓、连接管和支架等施工图。

（7）热工构筑物施工图：热工设备平面图、剖面图、结构施工图、管通图、轨道图和异型砖等。

（8）卫生工程施工图：包括采暖、通风、供热、给排水等工种的施工图，必须具有管线布置图，标出全部所需尺寸，并附设备和材料明细表。对未能表达清楚的局部应绘制详图。

（9）电气施工图：包括供电、照明、信号和通信等方面设备和线路施工图，并附有设备和材料明细表。

第3章 煤矸石资源化利用工程设计

3.1 煤矸石现状

煤炭是我国最主要的能源，其资源非常丰富，2015年产量已超过36.85亿吨。随着煤炭生产的不断发展，煤矸石的产量与日俱增，按原煤产量的15%计，每年煤矸石至少增加1.8亿吨，历年积存下来的煤矸石已超过27亿吨，占地30万亩以上，而且仍在继续增加。大量煤矸石的积存不仅严重污染了环境，而且侵占了大量土地和农田，破坏了土地资源。因此，寻求加快煤矸石的资源化利用途径对煤炭工业的正常发展和我国环境的保护都具有十分重要的现实意义。

3.2 典型煤矸石工艺流程

煤矸石的组成和性质是选择利用途径和指导生产的重要依据。煤矸石的主要化学成分是铝和硅的氧化物，可用于筑路、生产烧结砖及非烧结砖、混凝土制品、砌筑砂浆材料和陶粒等轻骨料。有的煤矸石含硅较高，可作为硅质原料和水泥原料等。此外，还可以根据其成分的不同用于回收一些化工原料和煤炭等。因此，煤矸石资源化利用工艺路线种类较多。

1. 用作建筑材料

(1) 水泥

煤矸石和黏土的化学成分相近，可以作为水泥的原料，生产普通硅酸盐水泥、特种水泥和无熟料水泥。同时，由于煤矸石经自燃或800℃左右煅烧后具有一定活性，属于火山灰质的活性材料，也可作为水泥的掺合料使用。常用的生产水泥工艺流程如图3.1和图3.2所示。

(2) 砖

煤矸石砖的生产是利用煤矸石代替黏土作主要原料，一般占坯料量的80%以上，有的全部以煤矸石为原料，有的外掺入少量黏土，焙烧时基本上无需外加燃料。泥质和碳质煤矸石质软、易破碎，是生产煤矸石砖的理想材料。常用的工艺流程如图3.3和图3.4。

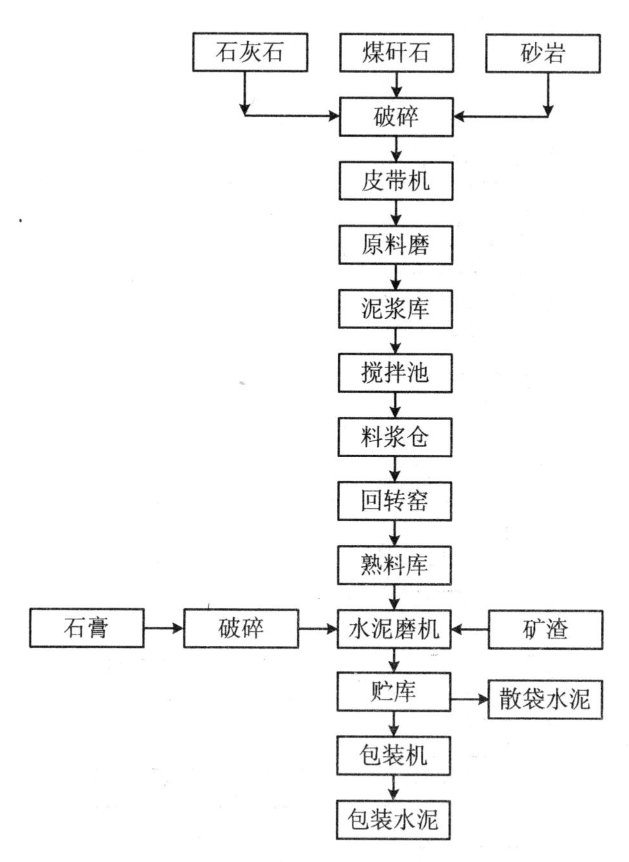

图3.1 煤矸石作水泥原料生产普通硅酸盐水泥的工艺流程

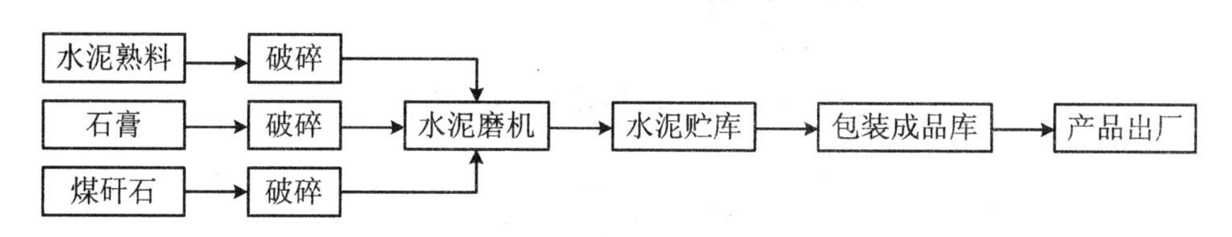

图3.2 煤矸石作水泥混合材料生产普通硅酸盐水泥的工艺流程

(3) 填充材料

煤矸石用作护巷填充材料是以矸石粉为骨料,水泥为胶结料,外加添加剂配制而成的混合型填充材料。为了提高填充材料的强度,减少水泥用量,要求煤矸石中含煤量尽量少。原料配合比见表3.1。

表3.1 煤矸石用作护巷填充材料的配合比

序号	配合比	水灰比		抗压强度/MPa			
		质量比	体积比	1 d	3 d	7 d	28 d
1	矸石粉∶水泥=5∶1	0.20	0.40	0.80		3.16	9.9
2	矸石粉∶水泥=4∶1	0.20	0.40	1.40		5.56	15.64
3	矸石粉∶水泥=3∶1	0.24	0.48	2.30	6.11	9.06	22.4

注:配合比采用425号普通硅酸盐水泥,矸石粉最大粒度小于15 mm,含煤量低于15%。

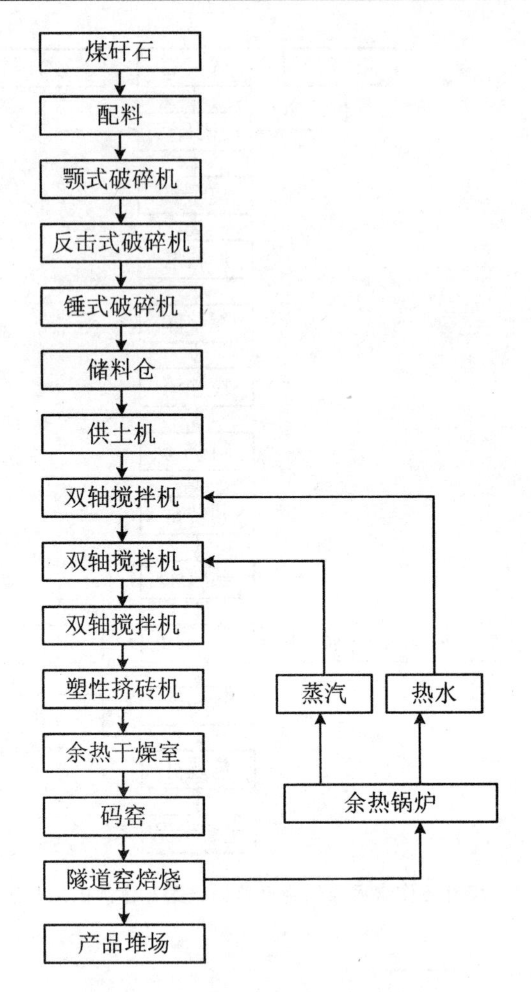

图 3.3　煤矸石烧结砖生产工艺流程

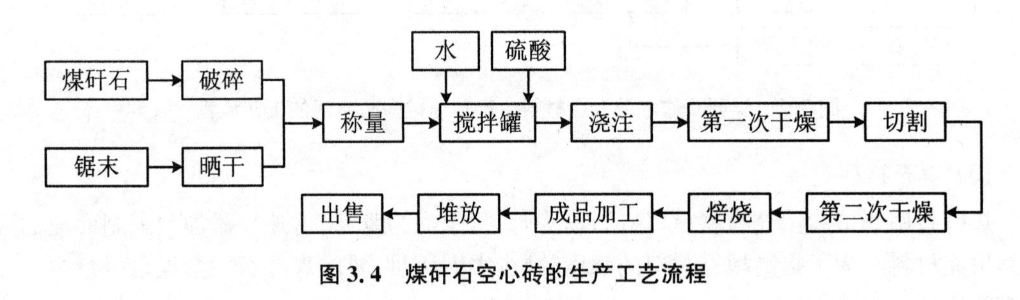

图 3.4　煤矸石空心砖的生产工艺流程

2. 用作建筑制品

(1) 空心砌块

空心砌块的生产工艺流程种类较多,但主要生产环节包括胶结材料和骨料的制备、计量、掺水搅拌、震动成型、蒸汽养护和堆放。煤矸石空气砌块的生产工艺流程如图 3.5 所示。

(2) 加气混凝土制品

加气混凝土生产工艺流程的确定,应根据原材料的特性,本着技术、经济合理的原则考虑,生产工艺流程如图 3.6 所示。

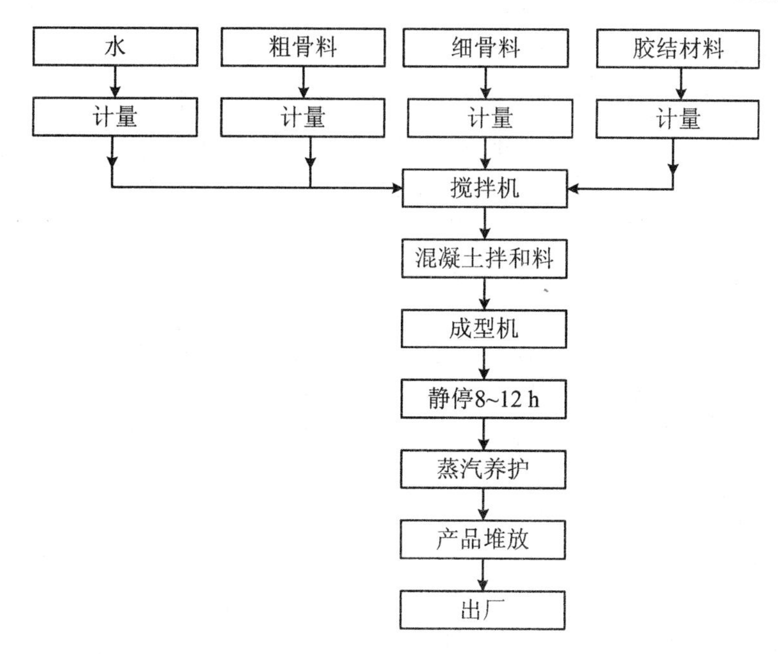

图 3.5　煤矸石空心砌块的生产工艺流程

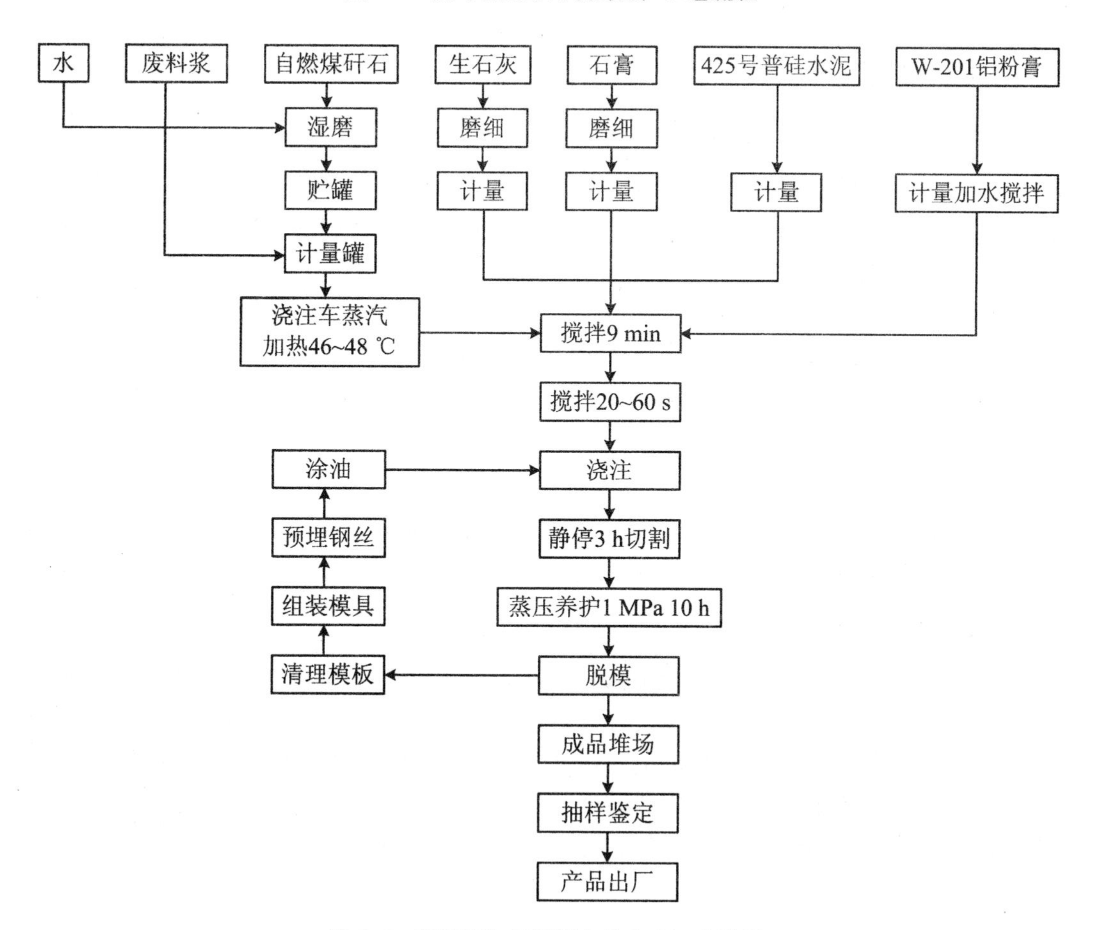

图 3.6　煤矸石加气混凝土的生产工艺流程

(3) 装饰制品

煤矸石还可用于生产一些常用的装饰制品，如釉面砖、红地砖和彩釉马赛克等。如江西新华煤矿陶瓷厂研制的煤矸石釉面砖性能为：白度 81.9%，吸水率 14.2%，热稳定性 200 ℃，热交换 3 次不裂，抗弯强度 18.5 MPa。其生产工艺特点为：煤矸石通过锤式破碎机破碎后，与珍珠岩、本地白泥配料，配比为煤矸石 60%，珍珠岩 20%，本地白泥 20%。配合料入磨，磨制的粉料细度为 180 目筛余 1%左右，采用二次喷釉，用多孔窑烧，温度为(1 050±10 ℃)，周期 14～16 h。

利用煤矸石为主要原料生产煤矸石红地砖，其中加入一定量的铁矿石以促进变色，当 Fe_2O_3 含量大于 7%时，制品颜色变为红色，可以不上釉，从而使砖坯强度增大。该砖原料配比为煤矸石 80%，本地红土 10%，铁矿石 10%。产品性能为抗压强度 57.3 MPa，抗拉强度 22.1 MPa，耐磨度 0.113 g/cm^2，吸水率 9.4%。

煤矸石彩釉马赛克，原料全部采用嘉陵煤矿的煤矸石，也可加入 4%～8%的废匣钵，磨制 10～15 h，经榨泥、轮碾陈化后成 43 mm×43 mm×5.5 mm 成型坯块，再经 1 150 ℃烧成，保温 1 h，烧成周期 12～14 h。上釉后 1 080～1 120 ℃下烧，保温 1 h，其产品性能为：吸水率较其他马赛克高，但比釉面砖吸水率小，因而粘贴牢固且强度较好，热稳定性、抗冲击性和耐酸耐碱性均合格。

3. 用作保温材料

(1) 岩棉

岩棉是一种由矿物熔融后用辊式离心机甩成的一种玻璃状的纤维，由它制成的制品具有重量轻、热导率低、吸音效果好、耐热、耐腐、耐蛀、化学稳定性好等特点，可大量应用到工业装备、交通运输、建筑等部门作为保温材料。

岩棉的主要制品有毡、管、板和异型制品等。生产岩棉的技术关键是熔制技术和成纤技术，熔制的主要设备是冲天炉，成纤的主要设备是四辊离心机。岩棉加入酚醛树脂黏结剂，在缝毡机或制管机上成型即可制成各种规格的产品。煤矸石熔制岩棉的生产工艺流程如图 3.7 所示。

(2) 轻质保温材料

煤矸石为主要原料用于制备轻质保温材料，产品具有耐压强度高、热导率低等优点。煤矸石轻质保温材料的生产工艺流程如图 3.8 所示。

(3) 轻骨料

适宜烧制轻骨料的煤矸石主要是碳质页岩和选矿厂排出的洗矸，煤矸石的含碳量不要过大，以低于 13%为宜。用煤矸石生产轻骨料的工艺可以分为两类：一类是用烧结机生产烧结型的煤矸石多孔烧结料；另一类是用回转窑(成球法)生产膨胀型的煤矸石陶粒。该工艺对煤矸石含碳量要求较严格，如果含碳量过高，陶粒的膨胀则不易控制。目前，国内生产煤矸石轻骨料多采用回转窑法，典型生产工艺流程如图 3.9 所示。

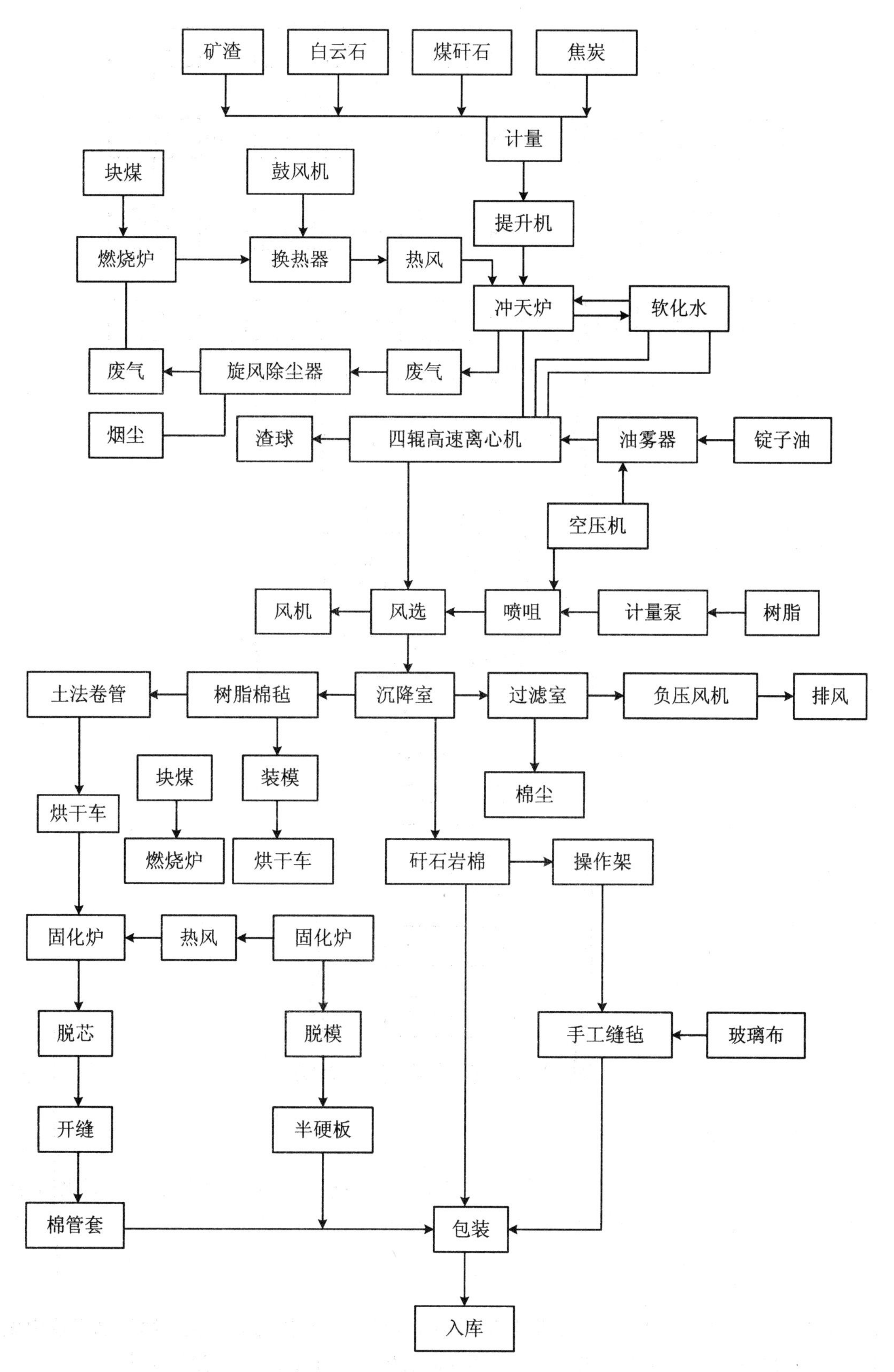

图 3.7　煤矸石熔制岩棉的工艺流程

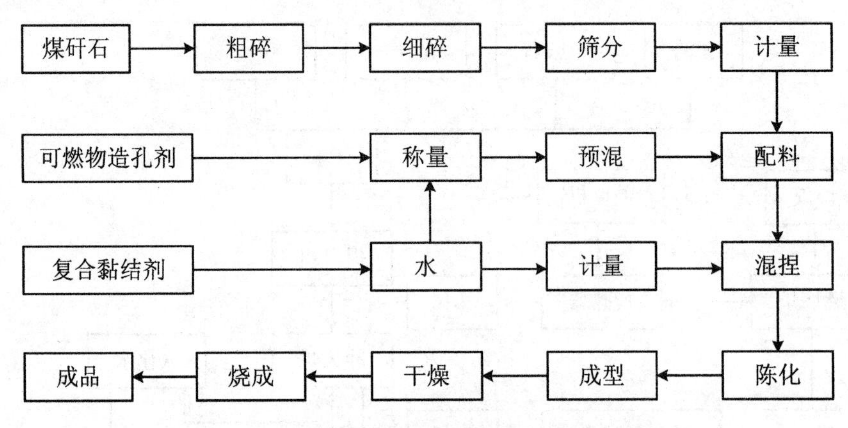

图 3.8　煤矸石轻质保温材料的生产工艺流程

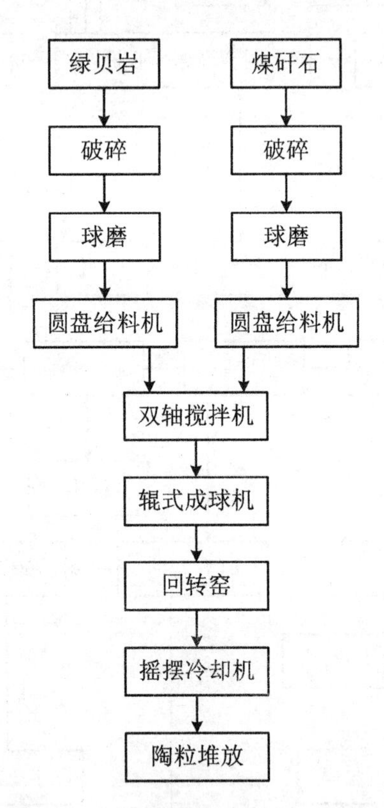

图 3.9　煤矸石陶粒的生产工艺流程

4. 提取有用化工原料

煤矸石中含有很多有用的化学成分，可以生产多种化工产品，如回收结晶三氯化铝（图 3.10）、氧化铝（图 3.11）、铵明矾（图 3.12）和分子筛（图 3.13）等产品。

5. 生产工业填料

煤矸石工业填料是指在橡胶、塑料、涂料和建筑防水等有机高分子化合物制品工业中做填充或改性材料使用的物料。图 3.14 为用煤矸石生产工业填料的工艺流程图。

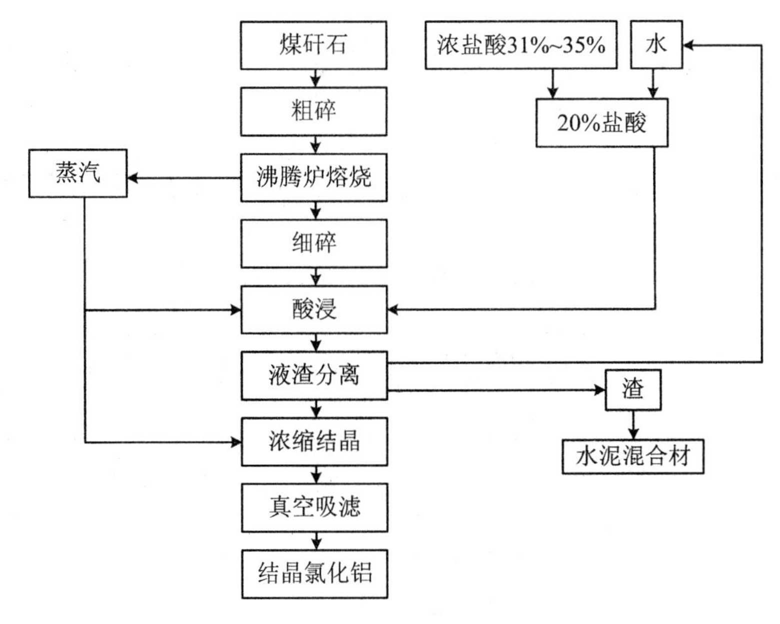

图3.10　结晶三氯化铝的生产工艺流程

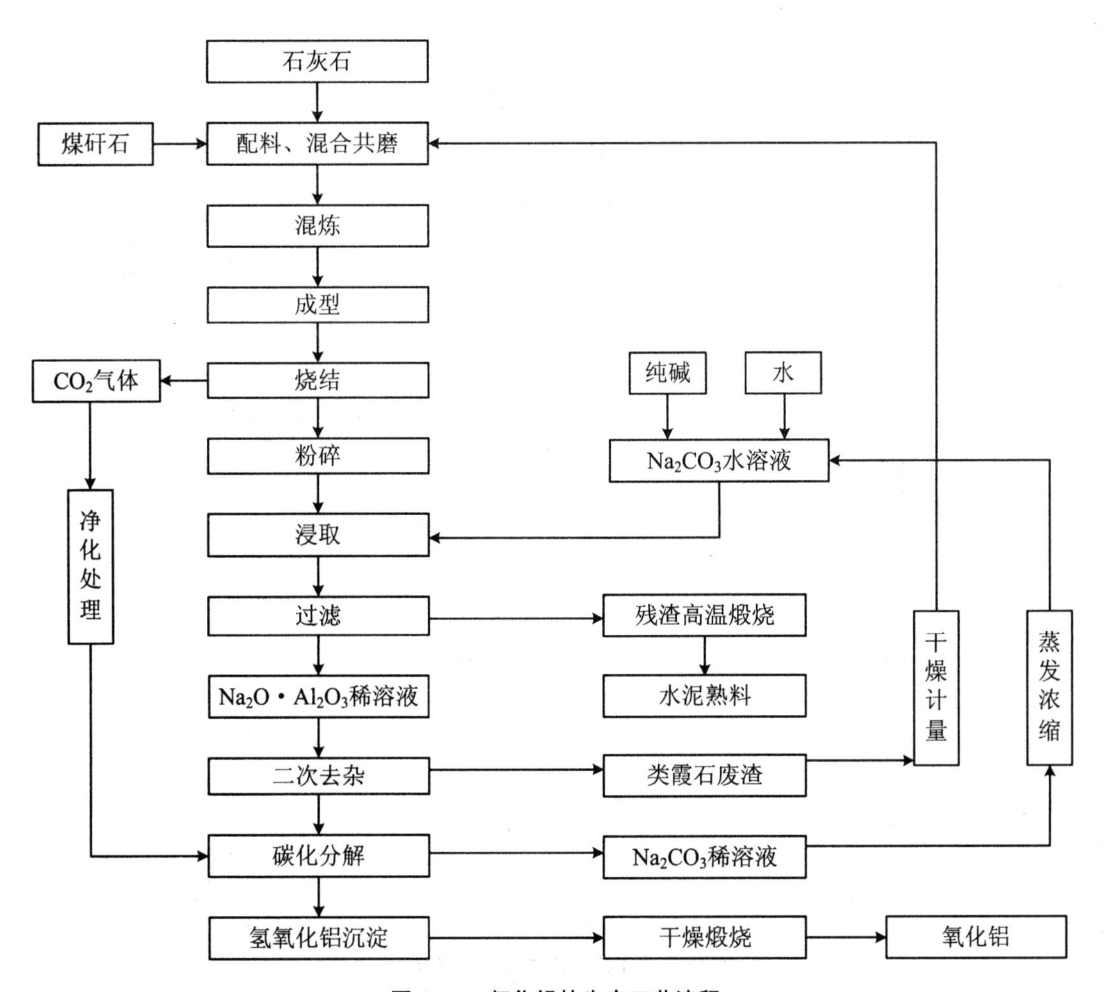

图3.11　氧化铝的生产工艺流程

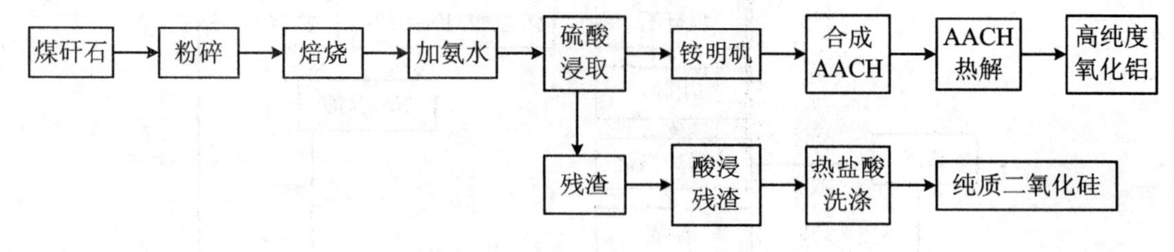

图 3.12 铵明矾生产工艺流程

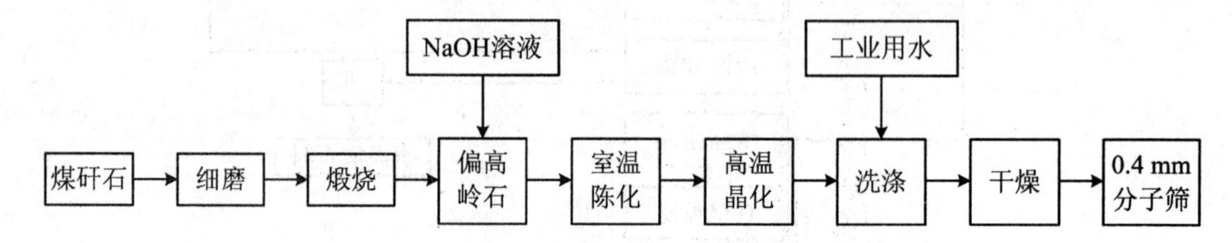

图 3.13 煤矸石制备分子筛的工艺流程

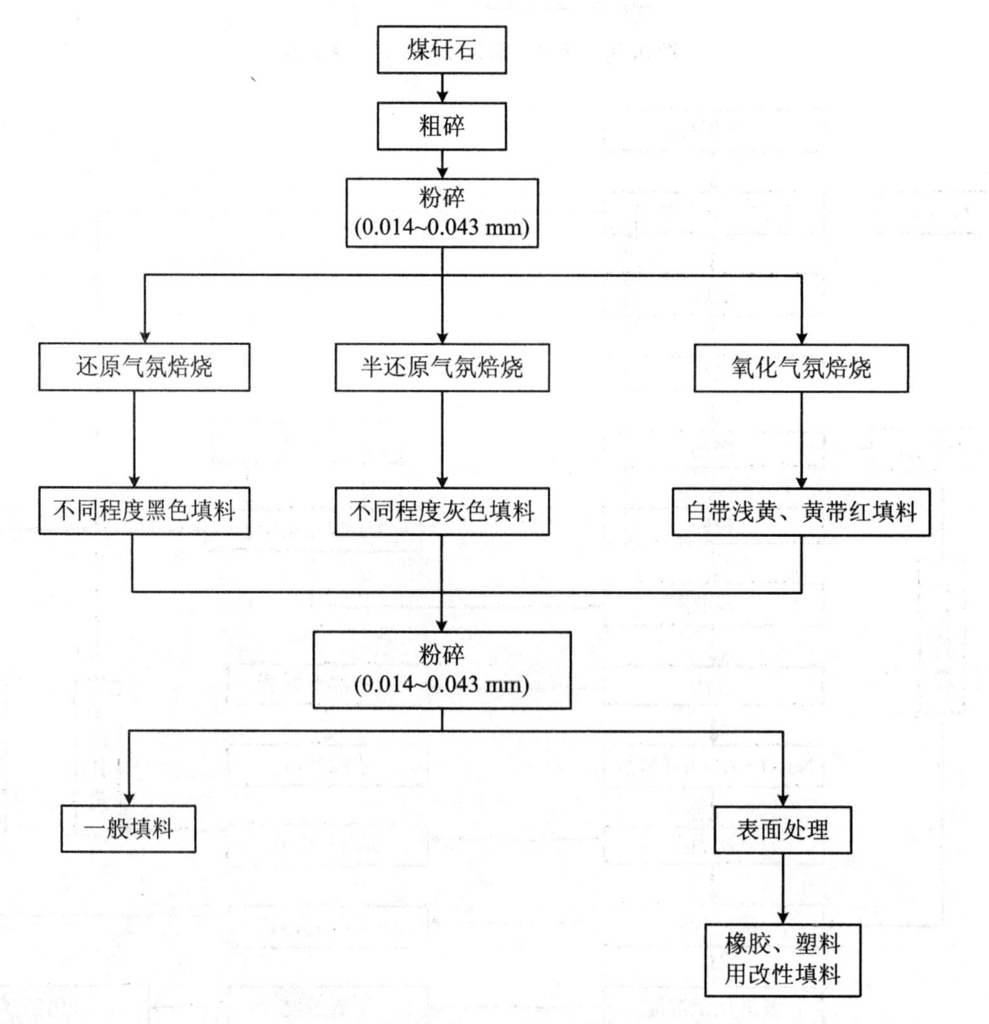

图 3.14 煤矸石生产工业填料的工艺流程

6. 回收煤炭

煤矸石中混有一定数量的煤炭，可以利用现有的选煤技术加以回收。同时，这也是对煤矸石进行综合利用时必要的预处理。目前，国外一些国家建立了专门从煤矸石中回收煤炭的选煤厂。洗选工艺主要有两种：水力旋流器和重介质分选。水力旋流器分选工艺以美国雷考煤炭公司为例，这套设备主要由5台伦科尔型水力旋流器(ø508 mm)、定压水箱、脱水筛、离心脱水机等组成，工艺流程如图3.15所示。

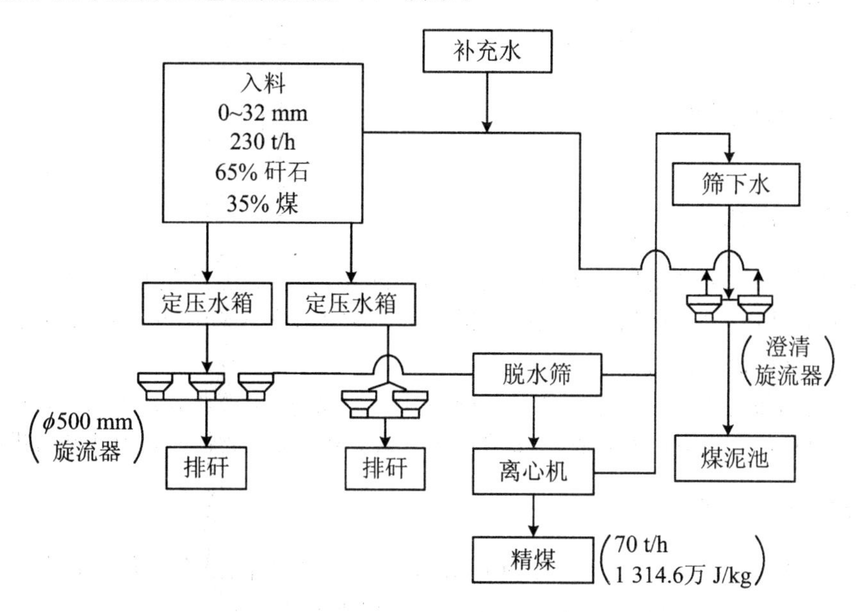

图3.15　美国雷考煤炭公司煤矸石洗选厂工艺流程

7. 微生物肥料

煤矸石微生物肥料是利用微生物交变电场生物技术，实现对微生物分离、培养和基因重组，从而获得性能优异、应用广泛、适用各种环境条件的菌种，其固氮酶的活性、解磷和解钾能力极强。其工艺流程如图3.16所示。

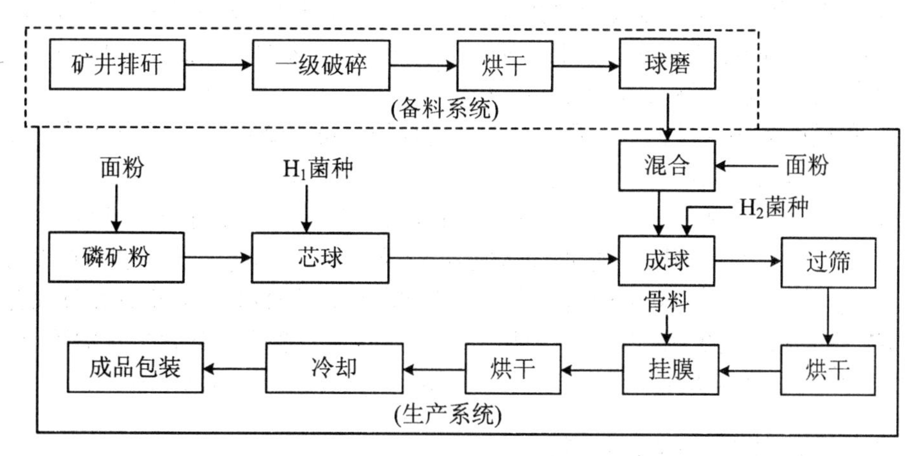

图3.16　煤矸石微生物肥料生产工艺流程

3.3 煤矸石工艺设计

以生产结晶氯化铝为例，详细介绍其典型的生产工艺流程和设备的选择。

结晶氯化铝是以煤矸石和化工工业副产品盐酸为主要原料，经过破碎、焙烧、磨碎、酸浸、沉淀、浓缩和脱水等生产工艺制成。

3.3.1 预处理

1. 煤矸石的破碎

煤矸石在焙烧之前和之后要分别进行粗碎和细碎，以达到合适的粒度。常用的破碎设备种类很多，有冲击式破碎机、剪切式破碎机、锤式破碎机、颚式破碎机、辊式破碎机、粉磨机和其他一些特殊的破碎设备。

在生产结晶氯化铝的工艺过程中，煤矸石粗碎后产品的要求在 8 mm 以下；细碎后产品的要求在 60 目以下。因此，粗碎阶段多采用锤式破碎机，细碎阶段多采用球磨机进行处理。

2. 煤矸石的焙烧

煤矸石在酸浸前须经过焙烧去除附着水和结晶水，改变晶体结构使之活化以利酸浸。在焙烧过程中，随着温度升高煤矸石结构形态发生以下变化：

温度在 500～900 ℃时，煤矸石脱水形成具有吸水性的 γ-Al_2O_3，其反应式为

$$Al_2O_3 \cdot 2SiO_2 \cdot 2H_2O \xrightarrow{500\sim900\ ℃} Al_2O_3 \cdot 2SiO_2 + 2H_2O$$

温度高于 900 ℃时，Al_2O_3 的稳定性会随着温度的升高而迅速提高，最后变成具有化学稳定性而不吸水的 α-Al_2O_3，反应式为

$$Al_2O_3 \cdot 2SiO_2 \xrightarrow{>900\ ℃} Al_2O_3 + 2SiO_2$$

据实践经验，煤矸石焙烧温度控制在(700±50) ℃，焙烧时间为 0.5～1 h 时最好。煤矸石焙烧后的含铝量应在 220 mg/g 以上。如低于 220 mg/g，表明焙烧温度过高，Al_2O_3 活性降低，化学稳定性提高，不易浸出，产品不合格。

煤矸石的焙烧采用的设备是沸腾炉。由于这种炉子可以烧低质燃料，不但炉温比立窑容易控制，而且可以直接供应生产用汽。

沸腾炉是一种采用沸腾燃烧方式的锅炉。在沸腾炉中，始终保持一个很厚(500 mm 左右)的灼热(900～1 000 ℃)料层。借助高压风力，使粒度小于 8 mm 的劣质燃料在沸腾床(流化床)的一定高度(800～1 200 mm)范围内上下跳动翻腾。这时，燃料和空气充分混合，保证燃料在沸腾床内有较长的停留时间。因此，沸腾炉具有强化燃烧和强化传热的特点。一般燃煤锅炉不能烧的燃料(劣质煤或煤矸石等)在沸腾炉中都能有效而稳定地燃烧。

3. 煤矸石焙烧和粉碎工艺流程

图 3.17 是煤矸石焙烧和粉碎的生产工艺流程图。选煤厂运来的洗矸，用自翻车 1 卸入

受料坑2内自然风干后，由胶带机3送入锤式破碎机4粉碎到－8 mm。胶带机5将破碎矸石送入沸腾炉的贮料仓6，然后用螺旋给料机7向沸腾炉8喂料。沸腾炉的温度用鼓风机9和引风机11调节风量来控制温度，一般控制在(700±50) ℃。

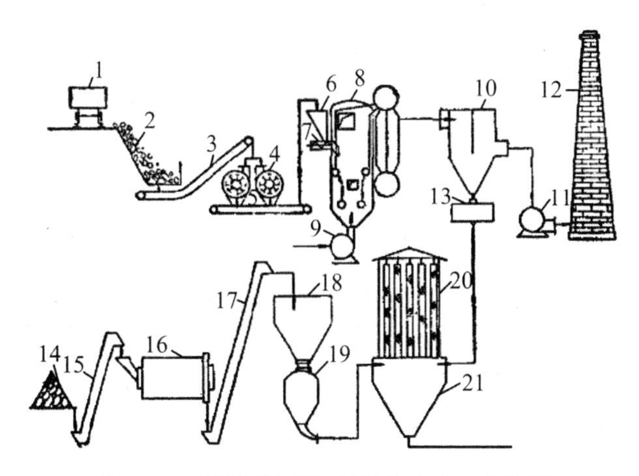

图3.17　煤矸石焙烧和粉碎的生产工艺流程

沸腾炉渣排到凉渣场14自然冷却后，用斗式提升机15送入球磨机16磨碎，磨细到－60目的粉料用斗式提升机送入贮仓18。仓内粉料用风力输送罐19送往设有玻璃丝收尘袋20的高位粉料贮仓21中。在沸腾炉燃烧过程中，和烟气一起被引风机带走的细灰尘集落于飞灰沉降室10的底部。细灰经卧式风力输送罐13送入高位粉料贮仓21同磨细的粉料掺混，作为提取氯化铝的原料。风力输送需要的风由压风站供给。压风站设有10 m^3/min和20 m^3/min的压风机各一台，交替运转。

表3.2　煤矸石焙烧和粉碎生产工艺流程图图例解释

图例编号	名　称	技术特征
1	自翻车	50吨矿用自翻车
2	受料场	高站台低吨位 L=68 m
3	胶带输送机	B=650 mm
4	锤式破碎机	60 kW　ø=800 mm×600 mm　破碎粒度到8 mm
5	胶带输送机	B=650 mm
6	炉前料仓	V=4 m^3
7	螺旋给料机	ø=200 mm　5.5 kW
8	沸腾炉	吨/时　布风面积2.84 m^3　开孔率2.04
9	鼓风机	8-8-11型　75 kW
10	飞灰沉降室	4.3 m×4.9 m×4 m
11	引风机	Y_4-73-11型　10×40 kW
12	烟筒	H=42 m
13	压送罐	飞灰卧式风力输送罐
14	凉料场	

续表

图例编号	名　称	技术特征
15	提升机	链式　$B=300$ mm　4 kW
16	球磨机	$Q=2\sim6$ t/h　$L=3$ m　$\phi=1.5$ m　单仓　70 kW
17	提升机	带式　$B=250$ mm　3.8 kW
18	料仓	中间贮料仓
19	风力输送罐	仓式空气输送装置
20	简易袋收尘室	玻璃丝袋　$\phi=220$ mm　$L=3.5$ m　180 个
21	料仓	反应前料贮备用　$V=16$ m^3

3.3.2　浸出反应

1. 主要化学反应

焙烧后的矸石粉料中，Al_2O_3 含量愈高愈好。铝主要以 γ-Al_2O_3 存在，具有很大活性。它与盐酸的反应方程式为

$$Al_2O_3+6HCl+9H_2O=2AlCl_3\cdot6H_2O+168.6\ \text{kcal}$$

Al_2O_3 生成 $AlCl_3$ 而转入溶液中，结成水合分子，同时释放出大量热能。

然而，煤矸石粉料中还含有一半左右的二氧化硅和不同含量的其他有害杂质，如铁、钙和镁等以及伴生的稀有金属镓、铟、铊、锗、钒、钛等。这些成分在浸出时的变化为

$$Fe_2O_3+6HCl+9H_2O=2FeCl_3\cdot6H_2O+31.0\ \text{kcal}$$

$$CaO+2HCl=CaCl_2+H_2O$$

$$MgO+2HCl=MgCl_2+H_2O$$

$$Ga_2O_3+6HCl=2GaCl_3+3H_2O$$

根据以上公式可以看出，焙烧后的原料中含有 Fe_2O_3、CaO、MgO 和 Ga_2O_3 等有害成分，它们会与 HCl 反应，转化为氯化物进入溶液中，不仅增加单位成品的 HCl 消耗，而且会给后续的浓缩、结晶和分离工序带来较大的困难。因此，要根据不同的要求，对这些有害成分进行处理。

2. 主要设备

(1) 反应罐

反应罐是酸浸反应的主要设备，浸出反应在此设备中完成。

尽管物料浸出过程放热很多，但由于系统的散热损失和物料反应需要预热(50～60 ℃)，仍须对物料加热。一级采用蒸汽加热，也有的采用电加热。蒸汽加热有内加热(直接加热)和外加热(间接加热)两种。

外热式蒸汽加热可在 3 000～7 000 L 的耐酸搪瓷反应釜中进行，在反应釜夹套中通入蒸汽加热，酸和物料从加料口投入，用搪瓷搅拌齿搅拌。由于反应本身放热和外加蒸汽，反应

物料温度逐步上升，维持在 100～110 ℃，时间约 1 h。反应完毕后，开启底阀，将浸出物料放入澄清池内。

内热式蒸汽加热不必考虑反应罐罐壁传热，但应考虑防腐问题。因此，外壁采用铁板(10 mm 厚)焊成的罐壳，内衬数层玻璃钢，再用耐酸胶泥衬两层瓷板。罐中通蒸汽管加热，利用压缩空气搅拌。

(2) 洗涤塔

洗涤塔由 ø600 陶瓷管和塔盖组成，塔高 3 m，塔内充填废瓷瓶。在反应过程中，洗涤塔主要用来回收蒸发的酸气和降低排出气体的温度。反应气体从洗涤塔下部上升，与从塔顶淋洒而下的洗涤水相遇，形成稀盐酸。将稀盐酸循环淋洒，使盐酸浓度不断增加，直到浓度达到 20%，即可回收。

(3) 塑料引风机

塑料引风机用于排出在洗涤塔中未被洗涤水吸收的反应气体。一般采用 6#、7# 离心式塑料风机。

(4) 给料机

为了保证均匀稳定给料，根据具体情况可选用电磁振动给料机、圆盘给料机、螺旋给料机或星形给料机等。

(5) 流量计

酸浸反应中，焙烧的粉料可通过给料机计量，而盐酸的计量，特别在连续浸出反应中，由于一般的流量计(如转子流量计、孔板流量计等)的耐酸性能较差，不能采用。因此，采用自制的细缝流量计。它由硬聚乙烯塑料和玻璃管组成(如图 3.18)，结构简单，制作容易，检修方便，成本低廉。

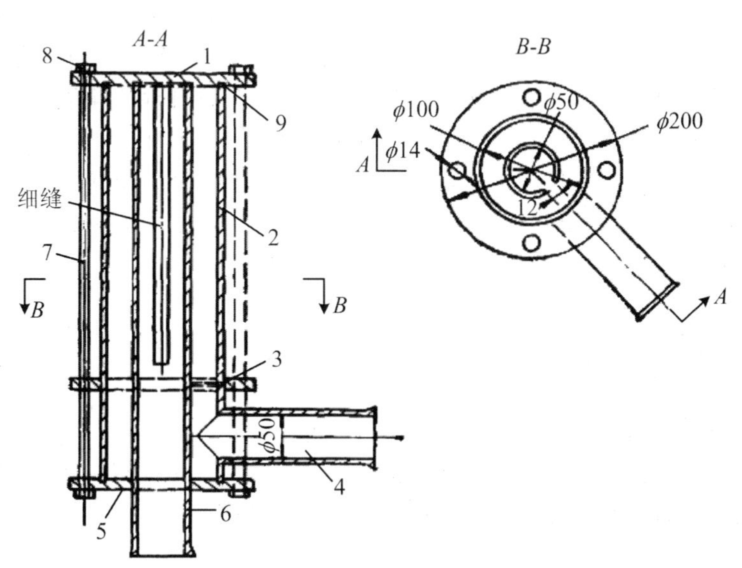

1—上法兰；2—透明管；3—中法兰；4—进液管；5—下法兰；
6—细缝进液管；7—拉杆；8—螺帽；9—环形胶垫

图 3.18　细缝流量计示意图

(6) 贮池

盐酸是生产结晶氯化铝的主要原料，必须有一定的贮备。因此，需要建立贮酸池来存储盐酸。贮酸池一般为钢筋混凝土结构，内衬为环氧玻璃钢防腐层。为防止盐酸挥发，液面用馏出蜡和聚乙烯粉密封。为与反应工艺直接相连，车间也设有贮酸池和洗液水池。

3.3.3 液渣分离

1. 主要化学反应

酸浸以后，大量矸石粉渣因颗粒很细而悬浮在浸出液中，形成浆状，主要采用自然沉降法使渣液分离。

自然沉降分离法是将溶液静置一定时间后，悬浮的固体颗粒因比液体的比重大，会自然沉降下来，从而达到渣液分离的目的。固体颗粒在液体中沉降的速度，与固体颗粒的粒度和液体的性质有关。固体粒度越大，沉降越快；粒度越小，沉降分离的时间越长。为加速沉降，可在悬浮液中加入一定量的絮凝剂——聚丙烯酰胺。

2. 自然沉降设备

沉淀池是圆形钢筋混凝土结构，下部为锥体，通常池内衬环氧玻璃钢，另以硅质胶泥为黏结剂砌瓷板。圆锥底部有排渣口(ø100 mm)与排渣管路(ø200 mm)相接，圆锥侧面有移液管(ø50 mm)与浸出液及洗液水贮池相接。

一般操作方法如下：将酸浸后的物料放入沉降池的同时，向池内注入浓度1‰的聚丙烯酰胺，加入量为渣液总量的5%。等沉降池注满以后，静止沉淀4 h，用移液胶管由上至下将上部澄清浸出液引入浸出液低位贮池。澄清液移净后，向池内注水适量($2\ m^3$左右)，用压缩空气搅拌5 min，静止沉淀半小时，再用移液胶管将澄清的洗渣水移入洗渣液贮池。这样重复三次后，向池内注水($3\ m^3$左右)，用压缩空气将渣吹起，打开池底排液阀，将渣排入受渣坑。在排渣过程中，用两根ø25 mm小管不断向池内补充水。其中，一根小管固定在排渣口附近，另一根从池中心向周围扩展冲洗残余尾渣。冲净后再冲水5 min为止。

这种方法虽具有设备简单的优点，但设备笨重，占地面积大，周转时间长，尤其在澄清液与沉降物之间有一悬浮层，故浸出液浪费较大，回收效率低。

3.3.4 浓缩结晶

经渣液分离后的氯化铝浸出液(即母液)流入低位母液贮槽，再用80FS-38型玻璃钢泵把母液通过ø50 mm的玻璃钢管输送到高位贮槽。此后，加入浓缩罐内进行浓缩结晶。高、低位母液贮槽都是钢筋混凝土结构，内壁衬玻璃钢瓷板防腐。

1. 浓缩结晶方法

浓缩结晶是在3 000 L(或5 000 L)搪瓷罐内进行。将氯化铝母液加到罐内，罐体夹套通入蒸汽加热，蒸汽温度一般120～130 ℃，夹套内蒸汽压力一般保持3.5～4.0 kg/cm^3。为加快浓缩和结晶的速度，采用负压浓缩，真空度一般在500 mmHg以上。

为充分利用罐内容积和罐体有效传热面积，采用多次加液方法，即浓缩液面下降到一定高度（相当于总高度的90%）就进行补液，使其液面经常保持在正常位置，直到罐内剩余浓缩液占加液总量的40%～50%（与母液的浓度有关）。浓缩液内已有大量结晶生成，固液比达到1∶1左右便可停止加热，打开底阀，将浓缩好的浓缩液放入缓冲冷却罐（容积3 000 L的搪瓷罐）。罐体夹套通入冷却水，使浓缩液冷却到50～60 ℃，晶粒进一步增长，以利于真空吸滤和提高单罐产量。冷却后的浓缩液经真空吸滤，即得到成品结晶氯化铝。在一般情况下，经过15 h左右的浓缩结晶和2 h左右的冷却，每个浓缩罐（容积3 000 L）可产成品结晶氯化铝2～2.5 t。

2. 搅拌

在浓缩过程中，浓缩液达到过饱和状态即有结晶生成。为防止氯化铝结晶颗粒沉降堵塞放料口，同时能够加速热交换，浓缩罐内应进行搅拌。为加速冷却，缓冲罐内也应进行搅拌。

缓冲罐采用搪瓷搅拌齿搅拌。浓缩罐则不可以用搪瓷搅拌齿搅拌，因为它与浓缩罐连接处盘根不易填严而影响真空度。通常的搅拌方法：罐内母液浓缩到有结晶生成后，便将罐底放料阀门稍稍开启（缝隙很小），此时因上部是真空，便有空气由阀门缝隙进入，流速较高，通过时能起到比较理想的搅拌作用。达对真空度影响并不大，一般只降低20～30 mmHg。

3. 真空的形成

在浓缩过程中，影响浓缩速度的因素除蒸汽量、温度和罐体传热面积外，很重要的影响因素是真空度。真空度越高，浓缩结晶速度越快。我们在浓缩罐中形成真空的方法是根据射流原理，用玻璃钢泵由循环水池内抽水，在水泵出水管水平段上，安装ø50 mm的玻璃钢三通（如图3.19）。

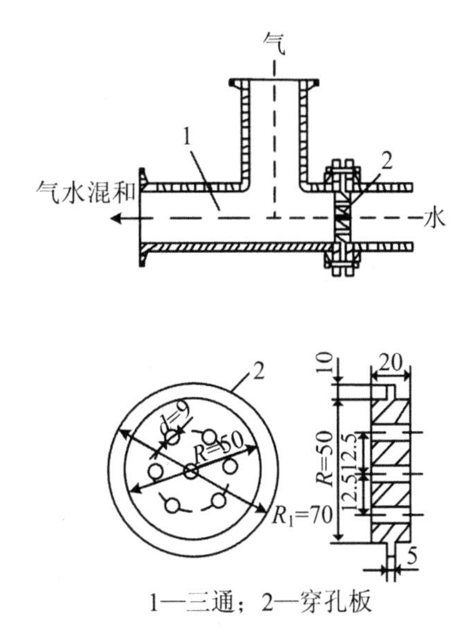

1—三通；2—穿孔板

图3.19　射流三通示意图

三通的直管段部分与水泵出水管和循环水池相接，三通支管与浓缩罐接出的ø100 mm的真空管路相接，三通前端有穿孔板（板上有ø9 mm的孔7个），水经穿孔板形成高速射流，把浓缩罐内蒸发的气体抽出，罐内形成真空，真空度一般可达500～600 mmHg。水、气混合物进入循环水池。图3.20是浓缩结晶工艺系统示意图。

3.3.5　真空吸滤

真空吸滤是将冷却后浓缩液中的结晶氯化铝与饱和溶液（即滤出液）用吸真空方式进行分离。

真空吸滤池采用普通砖砌结构，内壁及池底都衬玻璃钢及瓷板防腐。池底向滤出液出口方向倾斜。池底上用小瓷砖砌成支撑柱，支撑上部的玻璃钢穿孔滤板（一般开孔率15%，ø13 mm），滤板上铺耐酸尼龙筛网。浓缩液放入池内，并启动射流装置吸真空（射流装置与浓缩结晶相同）。真空度一般达400 mmHg。滤出液通过尼龙筛网和穿孔滤板流入池底，经滤出液放出口流入滤出液贮存池。待滤出液全部滤出，尼龙筛网上部剩余黄色结晶体便是结晶氯化铝成品。由设在池中间的 ø300 mm 的出料管放入池子下部，进行成品包装。滤出液与新反应的母液根据不同含铁量按适当配比混合，再进行浓缩。图 3.21 是成品真空吸滤示意图。

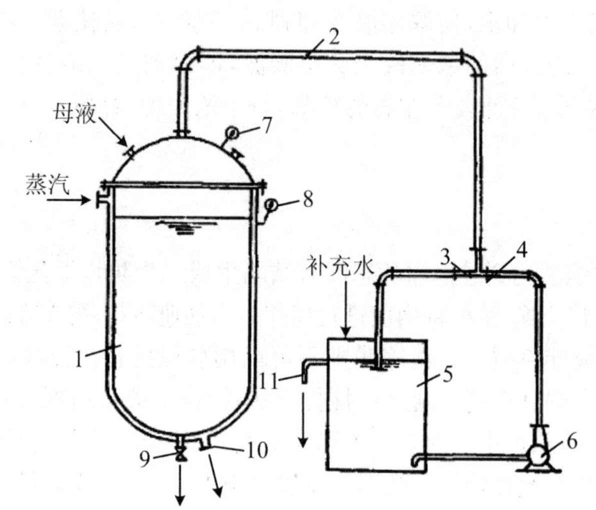

1—浓缩罐；2—真空管；3—射流三通；4—穿孔板；5—循环水池；6—耐酸池；7—真空表；8—压力表；9—放料口；10—冷凝水出口；11—溢流口

图 3.20 浓缩结晶工艺系统示意图

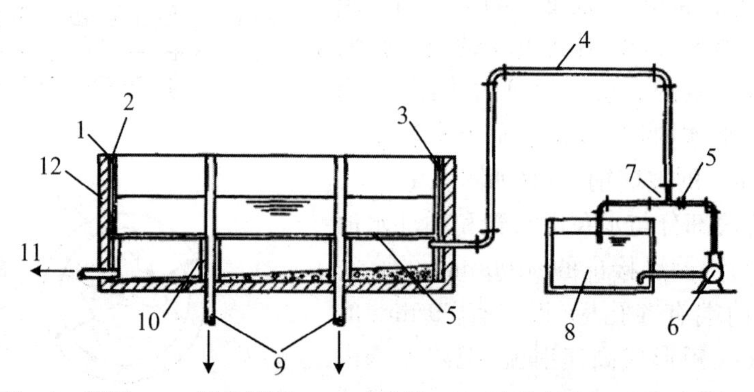

1—玻璃钢；2—瓷板；3—尼龙筛网；4—真空管；5—穿孔板；6—泵；7—射流三通；8—循环水池；9—成品出口；10—支撑柱；11—滤液出口；12—砖砌体

图 3.21 成品真空吸滤系统

第4章 粉煤灰资源化利用工程设计

4.1 粉煤灰现状

粉煤灰是煤粉经过燃烧后，从锅炉烟气中排放出的细灰状残留物，其成分中80%左右为飞灰，20%左右为底灰，是一种人工火山灰质物质。粉煤灰是燃煤电厂排出的主要固体废物。煤粉在炉膛中呈悬浮状态燃烧，燃煤中的绝大部分可燃物都能在炉内烧尽，而煤粉中的不燃物（主要为灰分）大量混杂在高温烟气中。这些不燃物因受到高温作用而部分熔融。同时由于其表面张力的作用，形成大量细小的球形颗粒。在锅炉尾部引风机的抽气作用下，含有大量灰分的烟气流向炉尾。随着烟气温度的降低，一部分熔融的细粒因受到一定程度的急冷呈玻璃体状态，从而具有较高的潜在活性。在引风机将烟气排入大气之前，上述这些细小的球形颗粒经过除尘器被分离、收集，即为粉煤灰。

粉煤灰是我国当前排量较大的工业废渣之一。我国每年粉煤灰的排放总量约为1.8亿吨，但其利用率仅为30%左右。大量的粉煤灰不加处理，就会产生扬尘，污染大气；若排入水系会造成河流淤塞，而其中的有毒化学物质还会对人体和生物造成危害。因此，粉煤灰的处理和利用问题引起人们的广泛关注。

4.2 典型粉煤灰工艺流程

火电厂粉煤灰的主要氧化物组成为SiO_2、Al_2O_3、Fe_2O_3、CaO、TiO_2等镁盐。其中SiO_2、TiO_2来自黏土、页岩，Fe_2O_3主要来自黄铁矿，MgO和CaO来自相应的镁酸盐和碳酸盐。我国电厂粉煤灰的化学组成如表4.1所示。

表4.1 我国电厂粉煤灰的化学组成

项目	烧失量	SiO_2	Al_2O_3	Fe_2O_3	CaO	MgO	SO_3	Na_2O
质量百分含量(%)	1.2～2.3	33～59	16～35	1.5～19	0.8～10	0.7～1.9	0～1.1	0.2～1.1

1. 提取高价值组分

(1) 碳粒

粉煤灰脱碳的主要方法分为干法和湿法。湿法主要是指浮选法，由于粉煤灰中碳粒的表面润湿性和可浮性与煤泥类似,因此可以采用与浮选煤泥相似的原理,浮选机是其采用的主要设备。粉煤灰浮选碳的工艺流程如图 4.1 所示。

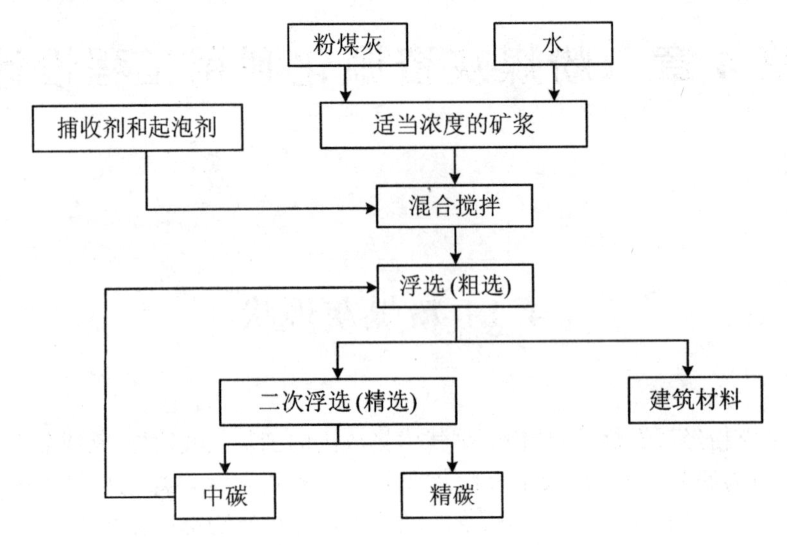

图 4.1 粉煤灰浮选碳的工艺流程

干法主要有燃烧法、电选法、流态化方法等,其中电选法是干法分选脱碳技术最常用的一种方法,粉煤灰在高压电场作用下,利用灰粒和碳粒在电性质上的差异使灰粒和碳粒分离。根据粉煤灰含碳量的多少和用户对粉煤灰的要求,电选生产工艺流程可分为两种工艺流程,分别是一次电选(如图 4.2(a))和两次电选(如图 4.2(b))。

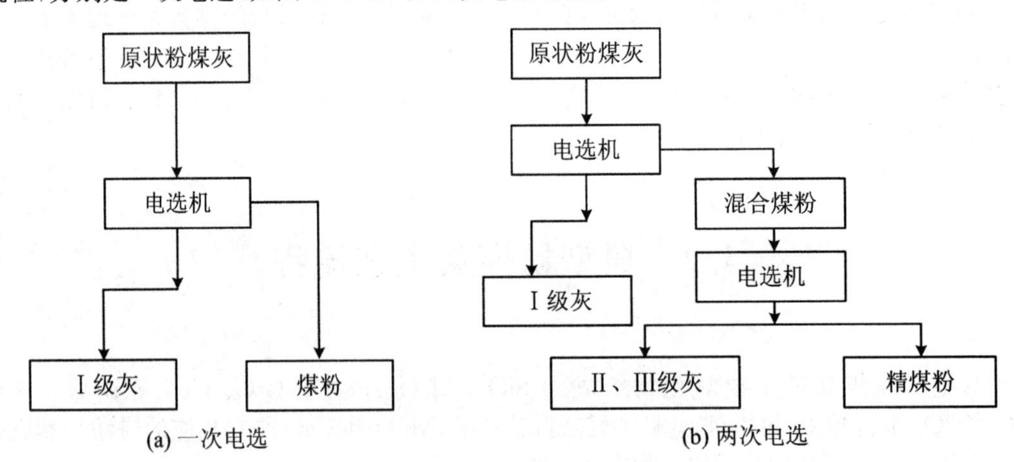

图 4.2 粉煤灰电选碳的生产工艺流程

(2) 铁

煤中含有黄铁矿、白铁矿、砷黄铁矿、菱铁矿等铁矿物,但大部分是非磁性的。在煤粒燃烧时,这些矿物受热发生分解和转变,形成尖晶面结构的四氧化三铁和少部分粒铁,具有磁性,因此可用磁选法把粉煤灰中的铁选出来。只要粉煤灰中含铁量超过 5%,都可以进行选铁。

从粉煤灰中选铁的方法通常有两种,一种是采用两级磁选工艺:第一级磁选工艺为粗选,要求磁选机的磁场强度适当高一些,以获得较高的铁精矿粉回收率;第二级磁选工艺为精选,要求磁选机磁场强度适当低一些,以获得较高品位的铁精矿粉,而且最好在一级磁选与二级磁选之间采用脱磁装置，这样可将一级磁选后的铁精矿粉所带的剩磁脱掉，使那些因剩磁形成的磁链夹杂的非磁性物质脱离磁链，以提高铁精矿粉的品位。另一种是先对粉煤灰进行水力重选分级，然后再进行磁选。

(3) 微珠

粉煤灰中微珠种类包括磁珠、漂珠和沉珠，它们的提取方法主要是根据其物理性质的不同而选用不同的分离方法。通常按照分选介质的不同，分为以空气为介质的干法分选工艺和以水为介质的湿法分选工艺。

在干法分选中，为了保证分选后微珠的产品质量，一般先分选出碳粒和磁珠，然后采用风力分级机选出漂珠和沉珠，其工艺流程如图4.3所示。与干法分选工艺相比，采用湿法分选工艺时需要增设产品的脱水、干燥等工序。当粉煤灰中同时含有三种微珠并具有一定的分选价值，而碳粒含量较少且粒度较粗时，可采用先易后难的工序，依次分选出漂珠、磁珠和沉珠，碳粒则大多数被富集在尾灰中。工艺流程如图4.4所示。

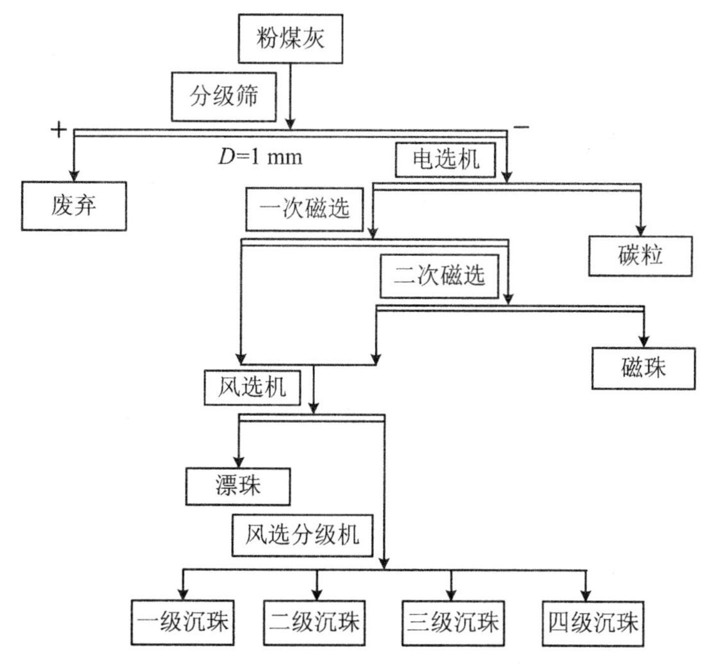

图4.3　干法分选空心微珠的工艺流程图

此外，如果碳粒含量较多，但是粒度较细，此时会对沉珠分选造成一定的干扰。因此，在粗选作业之前，应增设浮选作业以进行碳粒分选。如果碳粒含量较少同时粒度较细，在精选作业之后，增设浮选作业，单独对沉珠进行出碳工艺，防止其影响沉珠质量，降低生产成本。

(4) 氧化铝

粉煤灰中含有大量的氧化铝，其质量分数一般为12%～40%，高的达50%以上。氧化铝提取技术主要分为五大类：碱法提铝技术、酸法提铝技术、酸碱联合法提铝技术、低温蒸压煅烧法和C-JSTK技术。其中，碱法提铝技术又分为石灰石烧结法、碱石灰烧结法和碳酸钠焙烧法；酸法提铝技术主要包括硫酸直接浸取(DAL)法、硫酸铝铵法和氟铵助溶法。图4.5和图4.6分别为常用的两种典型石灰石和碱石灰烧结法工艺流程。

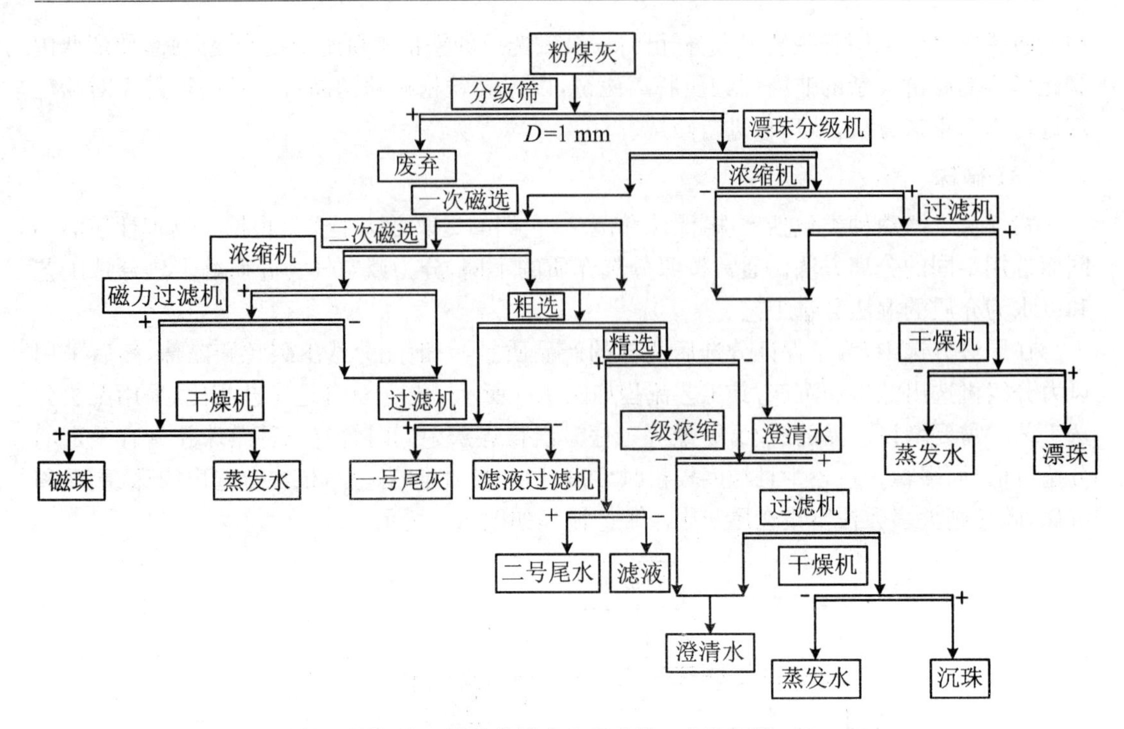

图 4.4　湿法分选空心微珠的工艺流程图

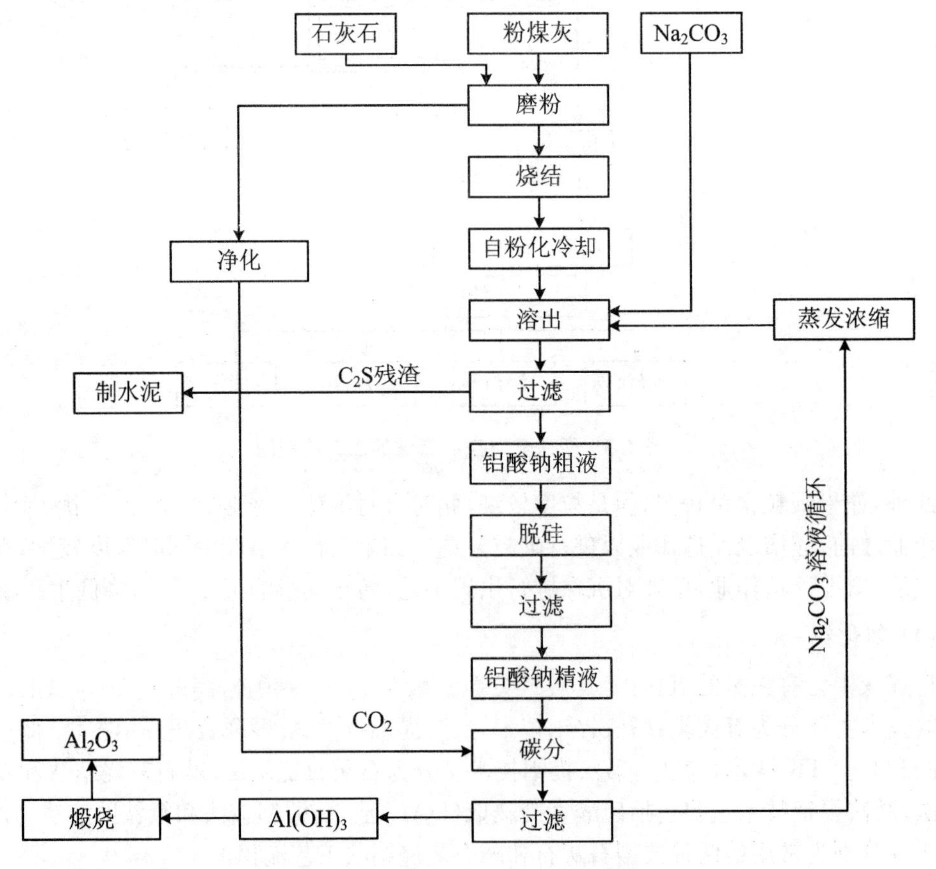

图 4.5　石灰石烧结法工艺流程图

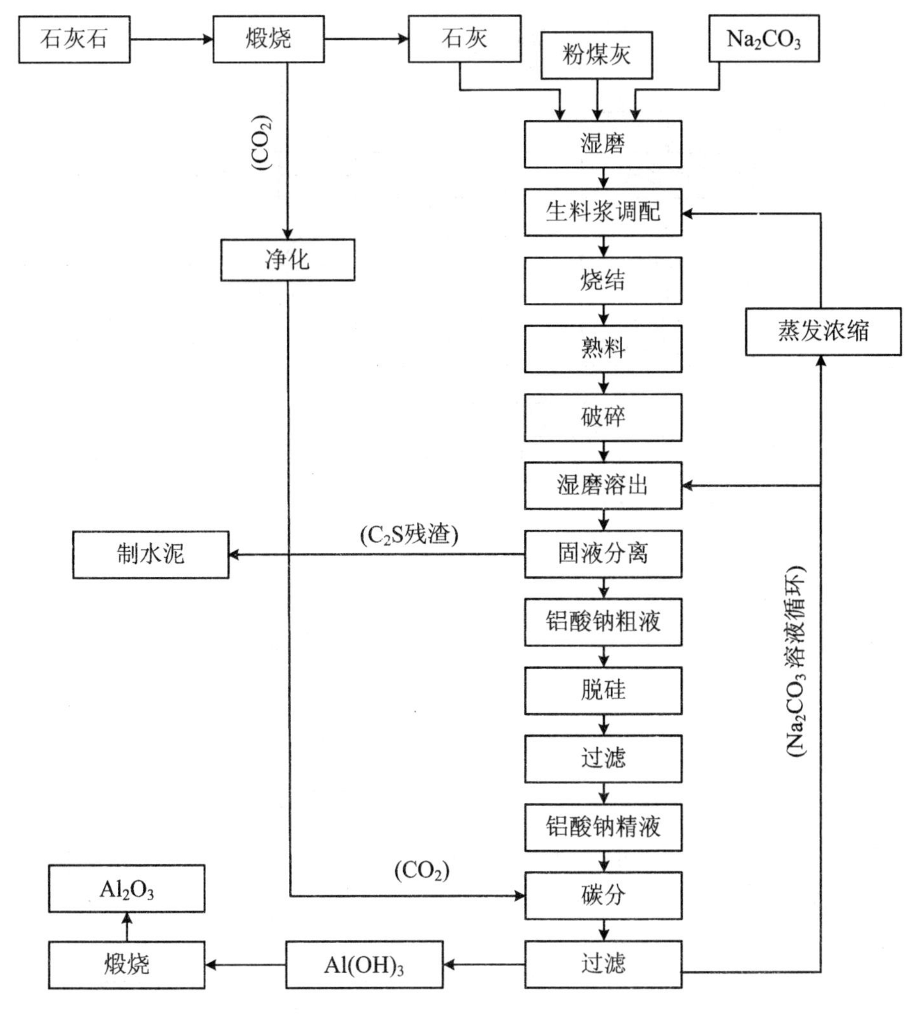

图 4.6　碱石灰烧结法的工艺流程图

(5) 白炭黑

粉煤灰制备白炭黑一般是以粉煤灰提铝残渣为原料，通过碱熔等手段首先制得硅酸钠，然后按常规沉淀法生产白炭黑。沉淀法的工艺路线是向硅酸钠溶液中加入硫酸或盐酸等进行中和反应，生成二氧化硅沉淀，经过滤、干燥、粉碎即得成品。这种生产方法对原料要求高，特别是硅酸钠中铁、亚铁、铜离子等要求特别严格，生产操作复杂，不易控制。从粉煤灰中提取白炭黑的一般工艺流程如图 4.7。

2. 粉煤灰建筑制品

(1) 蒸压粉煤灰砖

粉煤灰蒸压高强砖通常是由生石灰、石膏、粉煤灰和骨料为原料，按一定的比例配料，经干式球磨机细磨、双轴搅拌机搅拌混合均匀、消化充分、轮碾机压实增塑、压制成型、码坯静养、高温高压蒸汽养护、成品检验合格并堆放存储等工序而成为粉煤灰蒸压高强砖。图4.8为以湿排粉煤灰—生石灰—集料为原料的蒸压粉煤灰砖典型的生产工艺流程。

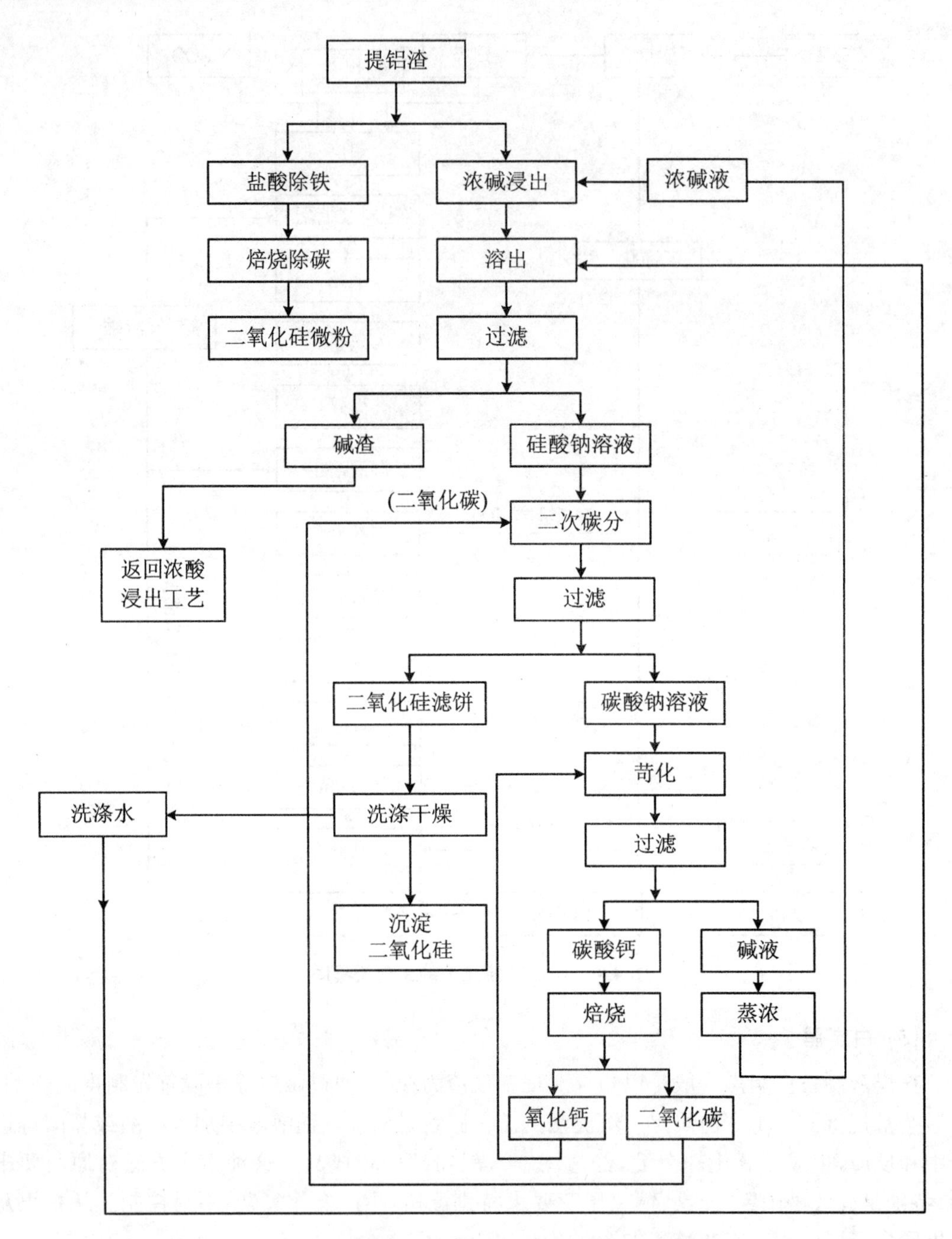

图 4.7　粉煤灰中提取白炭黑的一般工艺流程

(2) 粉煤灰砂浆

干粉砂浆是将水泥、砂、矿物掺合料及功能性添加剂按照一定比例，在专业生产厂于干燥状态下均匀拌制，混合而成的一种颗粒或粉状的混合物，然后以干粉包装或散装的形式运至工地，按规定比例加水搅拌后可直接使用的干粉浆体材料。干粉砂浆生产工艺既可用来制备普通砂浆，也可用于制备特种砂浆。干粉砂浆的生产过程主要由七大系统组成，具体如图 4.9 所示。

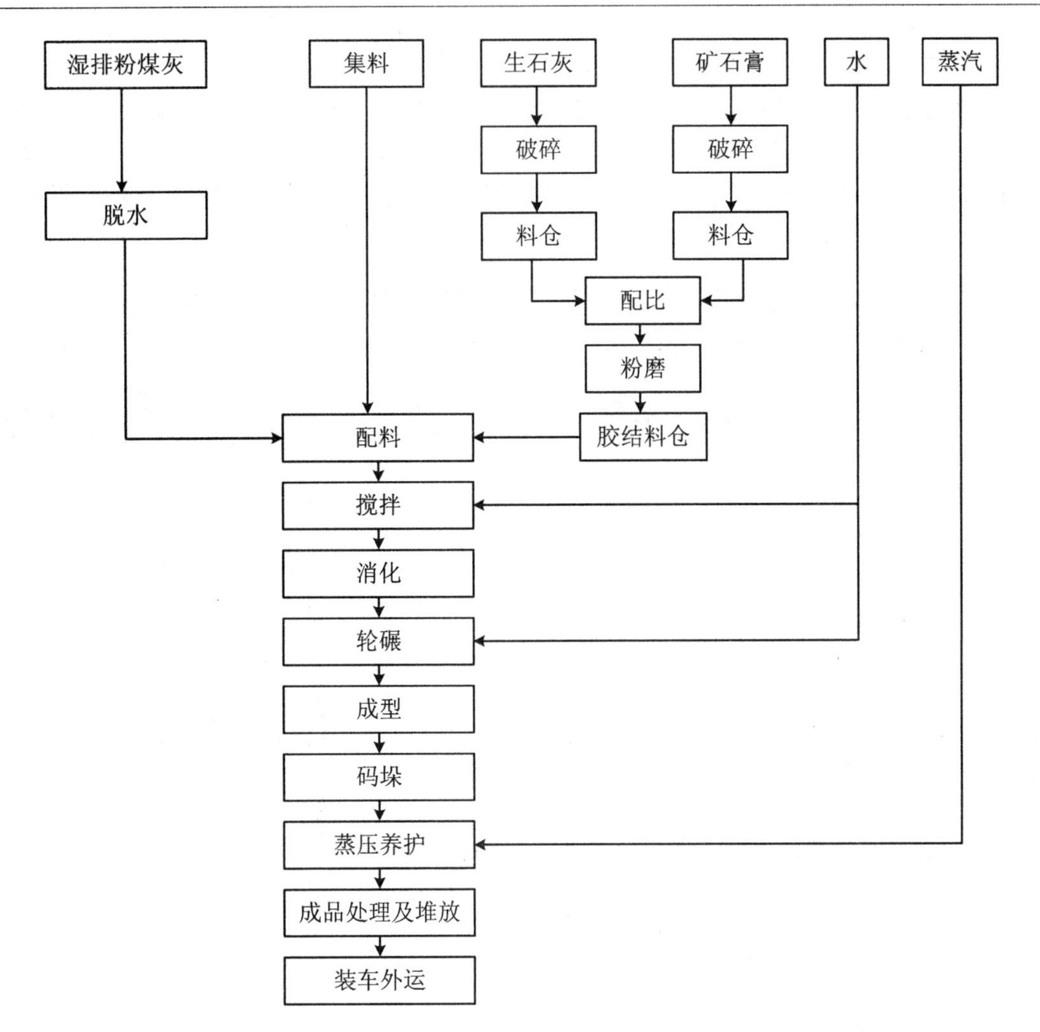

图 4.8　粉煤灰砖生产工艺流程

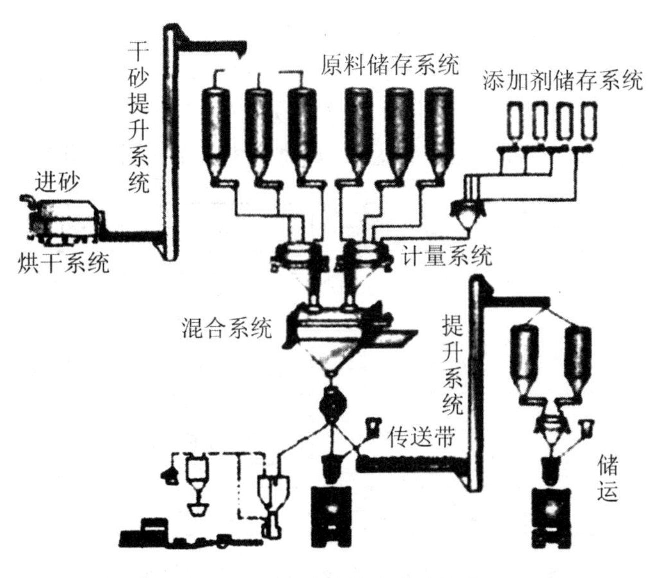

图 4.9　干粉砂浆基本生产流程

(3) 粉煤灰小型空心砌块

粉煤灰混凝土小型空心砌块的代号 FHB,其主要原料为粉煤灰、集料、水泥、外加剂及水,原料经计量配料、搅拌、成型、养护等工序制成。成型工艺与普通的砌块基本相同,大致分为压头提起、加料、振捣、提模出块等工艺。混凝土砌块加压振动成型的工艺流程如图 4.10 所示。

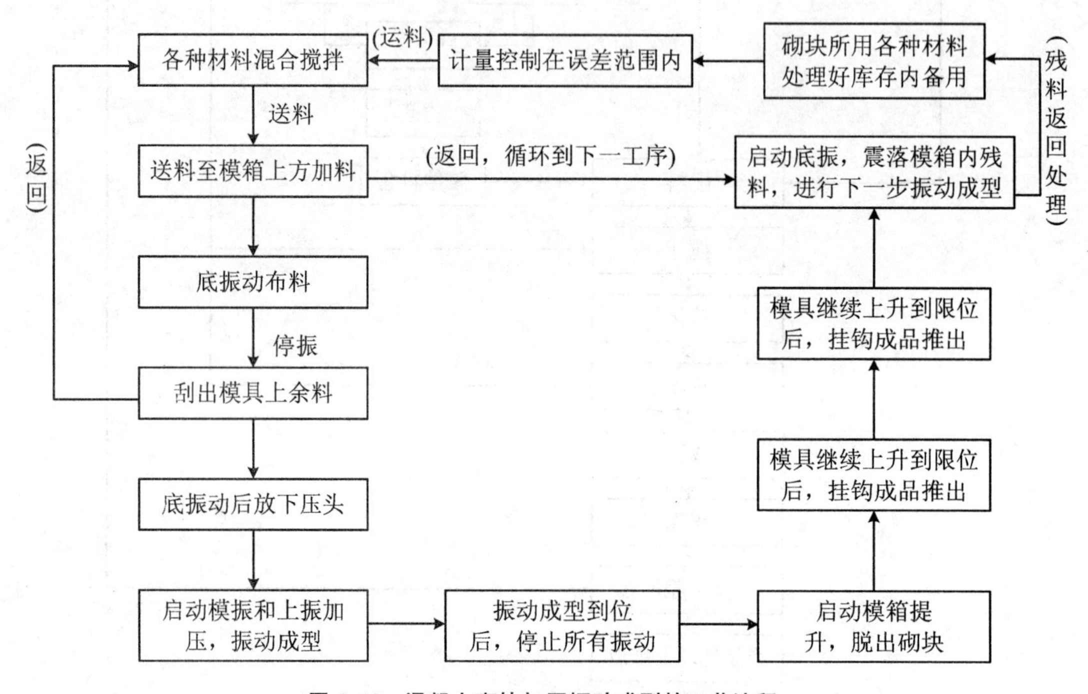

图 4.10　混凝土砌块加压振动成型的工艺流程

(4) 现浇粉煤灰泡沫混凝土

用物理方法将泡沫剂水溶液制备成泡沫,再将泡沫加入到由水泥、生石灰、集料、掺合料、外加剂和水等组成的混合料中,经混合搅拌而成的多孔混凝土称为泡沫混凝土,而以粉煤灰为主要集料配制的泡沫混凝土,则称为粉煤灰泡沫混凝土。泡沫混凝土分为两大类:一类是现浇泡沫混凝土,图 4.11 为泡沫混凝土整体现浇房施工工艺流程;另一类是工厂生产的泡沫混凝土制品,如粉煤灰泡沫混凝土保温板,典型的生产工艺流程如图 4.12 和图 4.13 所示。

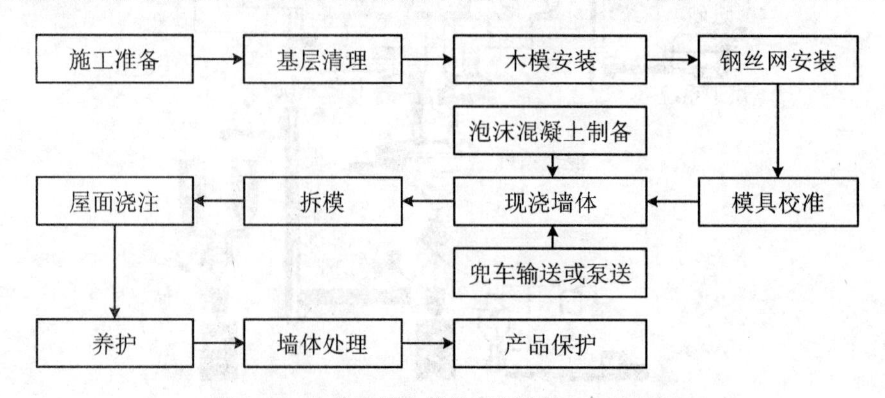

图 4.11　泡沫混凝土整体现浇房施工工艺流程

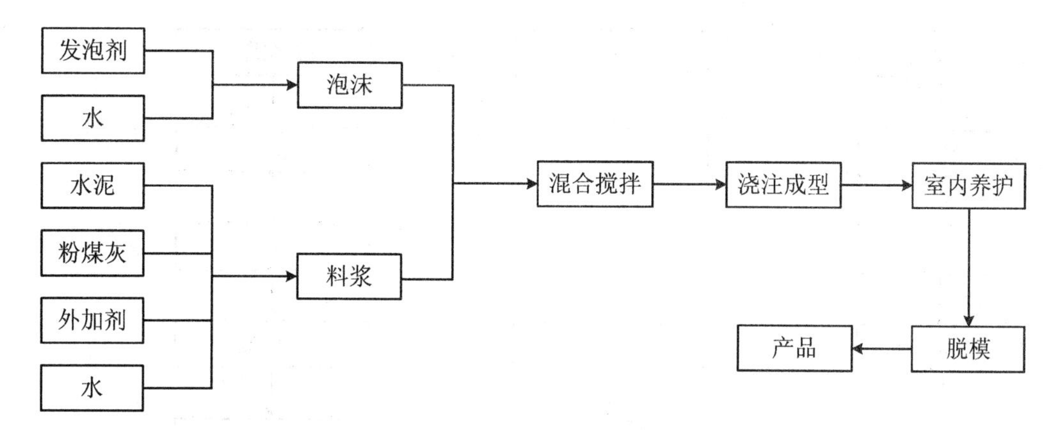

图 4.12　水泥粉煤灰泡沫混凝土保温板的生产工艺流程

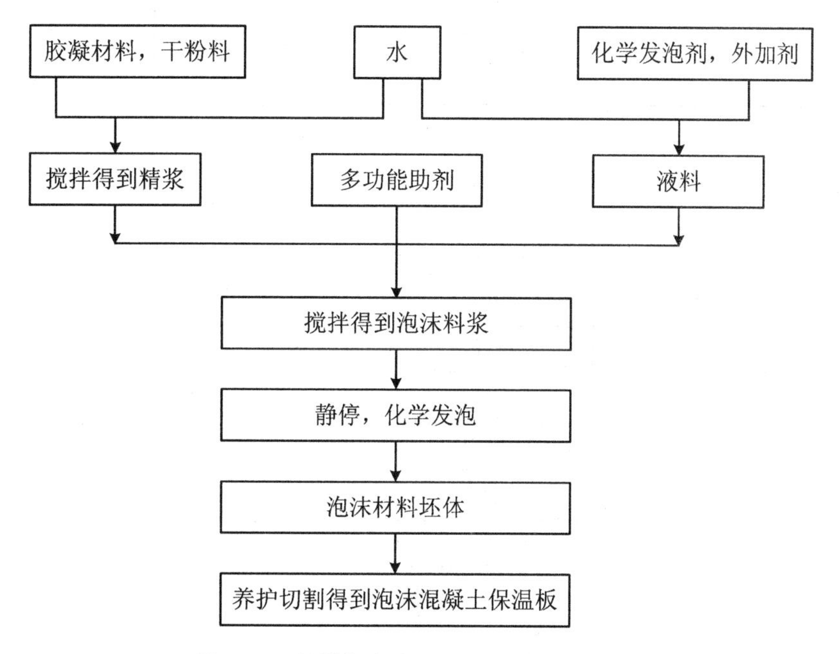

图 4.13　粉煤灰泡沫混凝土保温板工艺流程

3. 粉煤灰陶粒

粉煤灰陶粒是一种人造轻集料，是采用粉煤灰为主要原料经加工制粒、高温焙烧而制成的轻粗集料(陶粒)及轻细集料(陶砂)的统称，其生产执行国家标准《轻集料及其试验方法第1部分:轻集料》(GB/T 17431.1—2010)，在建筑工程的应用执行行业标准《轻骨料混凝土结构设计规程》(JGJ 12—2006)。目前，其相关的生产工艺种类较多。图 4.14 和图 4.15 是常用的两种典型流程。

4. 填充胶凝材料

由于粉煤灰固有的火山灰活性，它能与水泥水化过程中析出的氢氧化钙缓慢进行“二次反应”，在表面形成火山灰质反应生成物，与水泥硬化体晶格坚固地结合，进而增加龄期强度，提高充填体的抗渗性和耐久性。粉煤灰通常跟水泥、石灰、石膏等配合使用，根据粉煤灰

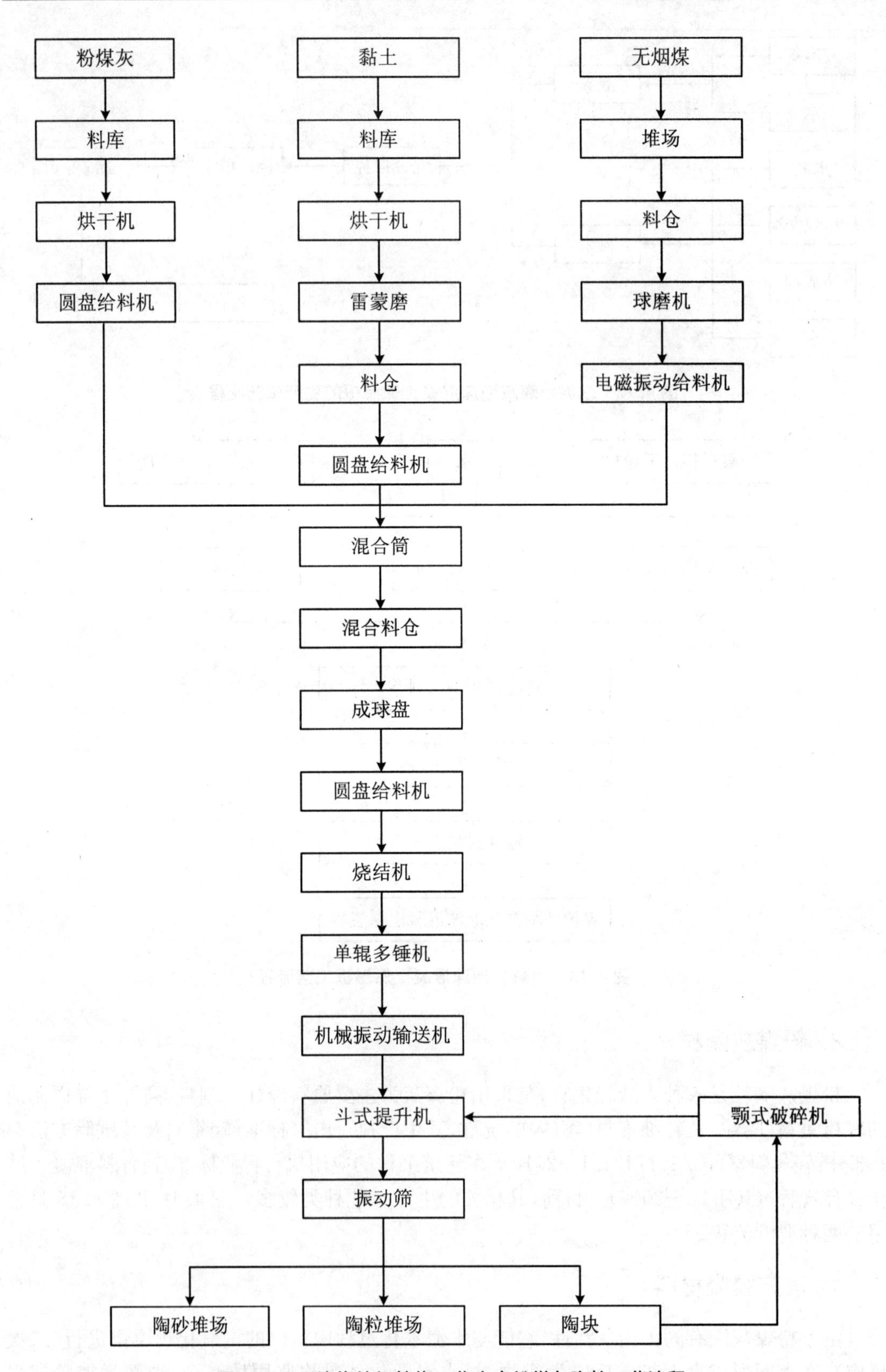

图 4.14　天津烧结机焙烧工艺生产粉煤灰陶粒工艺流程

和不同的胶结料配合，可把粉煤灰在胶结充填中的主要应用研究分为：粉煤灰＋水泥胶结充填、粉煤灰＋其他胶结料胶结充填、粉煤灰＋水泥＋激发剂胶结充填，其中以粉煤灰＋水泥胶结充填的研究最多。图 4.16 为粉煤灰基胶凝材料在矿山全尾砂充填中的应用实例工艺流程。

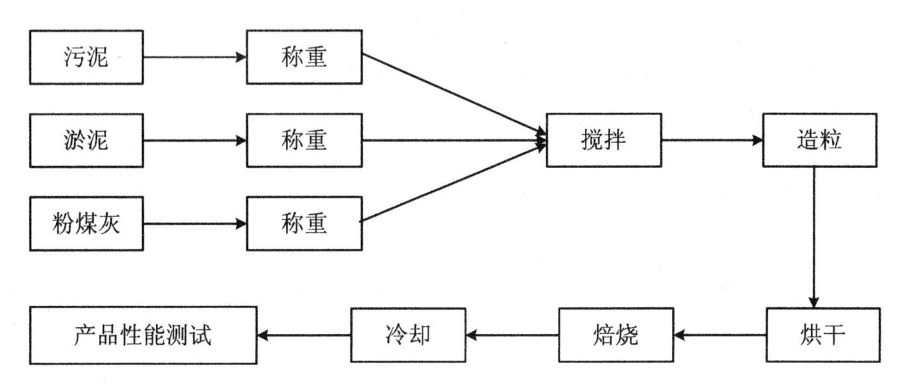

图 4.15　英国(RTAL)环泰粉煤灰-污泥陶粒工艺流程

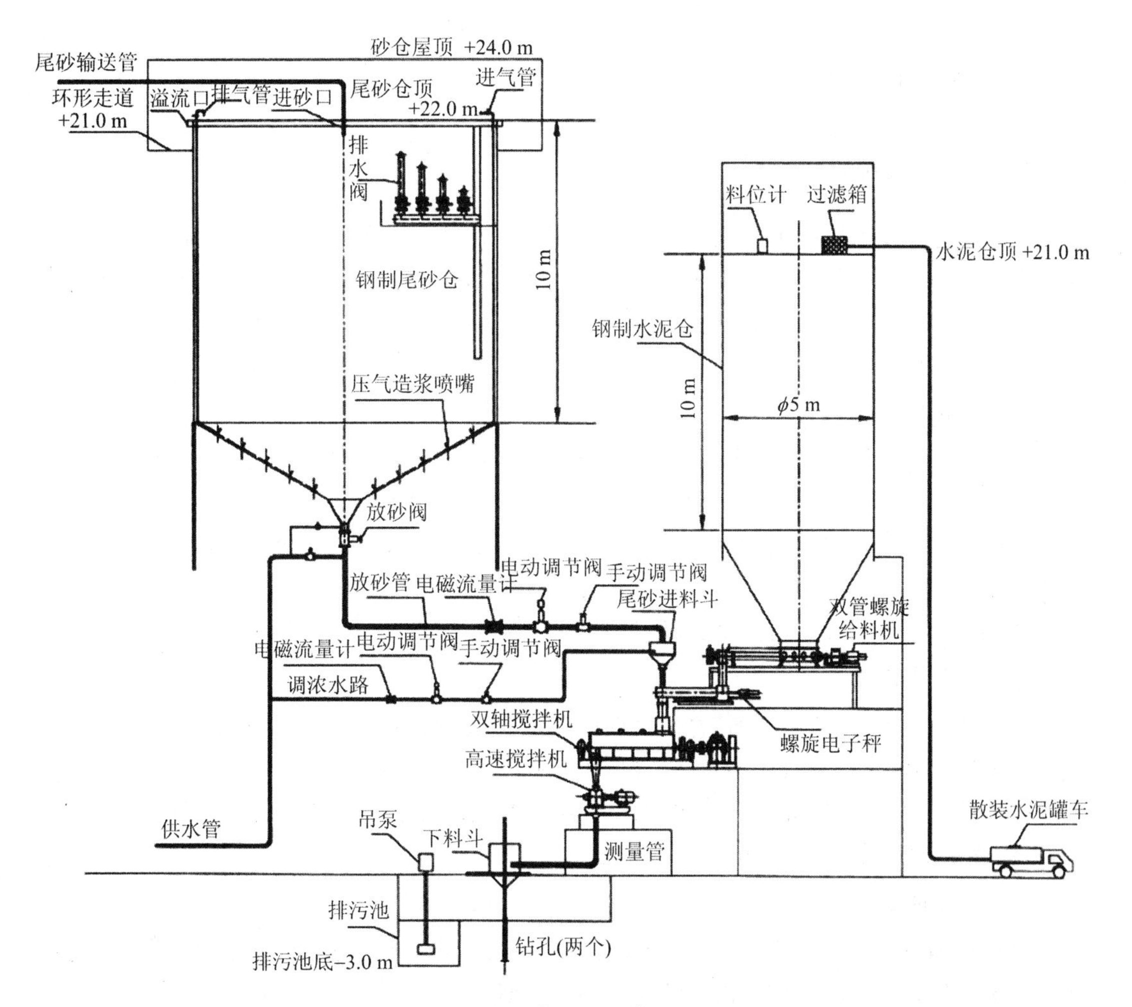

图 4.16　安徽草楼矿充填工艺流程

4.3 粉煤灰工艺设计

以蒸压粉煤灰砖的生产为例，粉煤灰、河砂、生石灰及石膏为原料，简要介绍粉煤灰砖的生产工艺流程和工艺设备的选择和计算。

4.3.1 原料处理

湿排粉煤灰经过堆存自然脱水处理，含水率稳定以后即可使用。生石灰与石膏则需要经过破碎与磨细工艺，然后进行配比和再次粉磨，获得合适粒度和要求的胶结料。

原料破碎和粉磨系统的设备包括：颚式破碎机、球磨机（或立式粉磨机）、斗式提升机、钢制料仓、螺旋输送机、计量皮料秤、脉冲式收尘器等。

4.3.2 配料搅拌

1. 混合料配合比的设计

设计配合比要考虑的主要因素是产品强度和生产成本的统一，并非强度越高越好。因为强度越高，石灰用得越多，颗粒级配就越好，然而成本相对提高。因此，要根据用户对产品强度的要求和生产成本进行配合比设计，以期达到技术上和经济上的最优结合点。

(1) 胶结料掺量

胶结料掺量必须适宜，掺量过少，水化产物少，砖的强度低，其他物理性能也难保证。如果胶结料掺量过多，不仅提高成本，也会降低强度。通常，胶结料掺量以混合料中的活性 CaO 含量来表示。在常压养护和不掺杂集料条件下，其最优的活性 CaO 含量为 12%～14%。

胶结料掺量还和粉煤灰的品种及细度有关。粉煤灰越细，其比表面积越大，意味着可容纳较多的 CaO 与之进行水化反应，生成水化产物越多，产品强度越高。相反，粉煤灰越粗，比表面积越小，可以与之进行水化反应的 CaO 也就越小，产品强度也越低。

(2) 石膏掺杂量

在工艺流程中，石膏与生石灰经过配比、粉磨形成胶结料，石膏掺量与集料掺量有很大关系。仅从产品强度而言，实验表明集料掺量越低，石膏用量越少，实际上掺杂石膏不仅为了提高产品强度，还能平抑石膏消化过程，提高产品抗冻性能和碳化性能。根据实际生产经验，石膏掺杂量一般占总料量的 1%～3%。

(3) 集料掺量

对集料掺量及级配的要求，除按照砖坯强度的要求考虑外，还要根据用户对产品的强度要求考虑。如果作为多层或高层建筑承重墙体用砖，为了降低砖的收缩率，必须掺杂一定量的集料，企业的实际生产经验证明，生产高强度等级的粉煤灰砖，其集料掺量应在 30%左右。

(4) 成型水分的确定

砖坯成型水分的确定，既取决于对砖坯强度的要求，又取决于对产品性能的要求。由于客户最终要求的是产品高强度，因此成型水分的确定以产品强度最优化为准。一般而言，混合料含水率控制在11%～13%的范围内，可以兼顾液压静压砖机排气和产品强度两个方面。

2. 混合料的均匀性与计量搅拌方法的关系

混合料的均匀性指其体积的任何一点上都存在粉煤灰砖混合料的各种组分，而且各种组分之间的比例在任何一点上都是相同的。此外，在各批混合料中该比例长期保持不变，并符合规定要求。混合料的均匀性对粉煤灰砖生产是非常重要的。粉煤灰砖的基本机理就是作为胶结料的石灰、石膏和粉煤灰在水的参与下发生水化反应生成水化产物，并将集料胶结起来，同时石灰还和硅质集料发生水化反应，使得胶结更加牢固，从而形成强度。如果在混合料的某一点上不同时存在石灰、石膏、粉煤灰等组分，自然在那一点上就不会发生要求的水化反应；如果在各点上各组分比例不相同，所生成的水化产物的数量和质量自然不同，如果各批混合料组成不一致，自然蒸压砖的质量就不一致。因此，混合料不均会导致浪费胶结料，提高成本，同时产品物理性能、力学性能和质量水准都会降低，造成不应有的经济损失。

目前，山东恒远利废技术发展有限公司推出的行业专用全自动计量搅拌系统，计量误差小于1%，混合料搅拌均匀度高达99%以上，不仅可以确保粉煤灰砖的产品质量，而且最大限度地降低了胶结料的用量，节省了生产成本，在行业中得到了广泛的推广应用。

3. 计量搅拌系统

计量搅拌系统分为连续式和间歇式两种，由于连续式计量搅拌系统存在着计量精度差、对原料形状适应性差及物料搅拌均匀系数低等缺陷，因此，新建粉煤灰砖生产线主要采用间歇式计量搅拌系统。目前，间歇式计量系统有两大类：一类是机械杠杆式，一类是电子式。

(1) 机械杠杆秤

物料称量采用机械杠杆、光电控制和数字显示。秤料斗由给料机供料，气动阀门出料，进出料均为自动控制。

(2) 电子秤

电子秤主要由一次元件和二次仪表组成。一次元件又称荷载传感器，受荷载作用产生变形，可伸长或缩短，可将非电量的机械变化转换成电量变化。电量的变化为一微弱的电压信号，通过平衡电桥电路送入二次仪表。每台记录仪表可实现四种不同物料的计量，电子称重仪表可通过以下两种方式实现物料的精确计量及自动控制。

① 使用仪表的面板按键输入配料数据并校准，将仪表具有的某种特定功能输入输出接口与PLC相应的输入输出模块连接，通过PLC编程实现物料精确计量。

② 通过MODBUS通信协议，将仪表的通信接口与上位机连接，实现上位机与仪表的实时通信，可将仪表内部所需参数通过上位机的控制进行画面显示、设定、物料分量、启动仪表、校准等操作，结合PLC编程实现物料的精确计量，操作简单、直观、方便。

电子秤和机械秤相比较，具有体积小、重量轻、结构简单、安装使用方便、精度较高等优点，应用广泛。

(3) 测水装置

测水装置有两种:中子测水仪和电容测水仪。中子测水仪包括:一台密度测定仪、一台水分密度指示器、一台放大器、一台屏蔽和存储器、一个放射性警告板和一个终端盒。中子测水仪的数据通过一台电脑传送到自动配料系统,以调节加水量。如果没有条件使用自动测水仪,则可以采用人工操作的红外线快速水分测定仪来测定水分,随时掌握物料的含水率。

4. 间歇式搅拌机

目前,用于粉煤灰砖混合料混匀的间歇式搅拌机大致可分为两类,一类是卧式搅拌机,另一类是立式搅拌机。

卧式搅拌机即广泛应用于混凝土搅拌的强制式搅拌机,其优点是结构相对简单,运行比较可靠,进、出料口尺寸较大且比较顺畅;缺点是转速低,有死角,搅拌均匀度较低,对不同的粉煤灰砖原料适应性较差。

相对卧式搅拌机,立式搅拌机的搅拌轴和搅拌筒垂直安装。优点是无搅拌死角,搅拌轴转速相对较快,搅拌效率及搅拌均匀度都较高,对物料的适应性较强;缺点是构造比较复杂,价格较高。

目前,卧式强制混凝土搅拌机将逐步被立式高速紊流搅拌机取代,成为粉煤灰砖生产线混料工序的主流设备。

4.3.3 混合消化

各种物料经过配料搅拌制成混合料后,生石灰粉将吸收混合料中的水分变成氢氧化钙,这个过程就是混合消化过程。这个过程所需时间与石灰的质量、粉磨细度、混合料的温度、消化方式和设备等因素有关。消化过程在消化仓中完成,因此消化仓又称反应器,即生石灰发生水化反应的容器。

消化仓按物料在其中的存放状态分为两种形式:间歇式和连续式。

1. 间歇式消化仓

间歇式消化仓的特点是混合料从装满到开始卸料,整个消化过程静止不动。待一仓的物料完成消化并卸净后,再装入新的混合料。为了保证全厂生产过程的连续性,至少必须是3个仓(即一个装料、一个静止消化、一个卸料),通常设4～5个仓室,2～3个处于静止状态,消化仓的容积根据要求的产量和消化时间确定。

间歇式消化仓的构造比较简单,呈圆筒状,下接圆锥体,圆筒部分用钢筋混凝土制作,圆锥部分用钢板焊接而成,出口料直径比较大,采用1 500～2 500 mm的圆盘给料机卸料。但是,间歇式消化仓由于装料过程中物料堆积密实,因此后期消化好的混合物料难以卸料。此外,还容易发生离析现象。

2. 连续消化仓

连续消化仓即混合料由顶部连续进料,底部连续出料,物料在消化仓内由上至下逐层下移,边移动边消化。仓底出料设备的出料量要调节到使混合料在消化仓内由进料到出料的移动时间相当于生石灰消化所需要的时间。

(1) 物料在料仓中流动的状况

连续消化仓正常运行的前提:料流必须顺畅,确保按进料顺序出料。

物料在料仓中流动的状况有两种:一是呆滞型流动,即物料在仓壁周围待着不动,只在卸料口上方形成一个略向上扩展的下落料柱。二是流体型流动,物料在整个容器截面平行下落,在流体型流动的情况下,打开出料口,整个松散物料料柱都会进入运动状态。物料在任何一个时间段内都是平的。对于连续消化仓而言,所要求的物料流动状态正是这种流体型流动。

(2) 连续消化仓的构造形式

山东恒远利废技术发展有限公司引进消化吸收技术开发的连续式消化仓,筒体直径有三种:3.2 m、3.0 m 和 2.8 m。消化仓的中间缝处在上部圆柱体和圆锥体的接壤处,通过这条缝可以使上部向下运动的物料和下部物料之间出现减压,同时还能溢出消化放热过程中产生的水蒸气,从而避免物料在消化器内壁因蒸汽冷凝而结块。此外,还能通过这条缝对整个消化器圆周范围内的消化情况进行观察。

分料锥锥体覆盖着消化器底部的孔洞,锥体的直径及其与底部的距离由混合料的安息角来确定,要保证即使在最不利的情况下物料也能通畅下料,消化仓下部呈锥形,但锥形的方向正好和内部的废料堆相反,因此消化器底部正好形成一个额形截面,这种结构特征使物料在下落时不致发生粗细颗粒分离现象,底板中心开孔用于下料,底板用耐磨板材制成,其构造方式是可拆卸的,便于更换。

刮料板呈月牙形,处于锥体和底板之间。当刮料板随大轴承旋转时,它均匀缓慢地把物料从消化仓中刮出,消化仓在寒冷地区使用时整个消化器都用矿棉保温,底部则成夹套,通入蒸汽加热,在仓的内壁和底盘上均镶耐磨耐温的塑料衬板,传动装置的功率是 11 kW。刮料器转变频率控制,可根据所需要的出料量调节。料板的使用寿命是半年至一年,筒体钢板壁厚为 6～7 mm。

(3) 连续消化仓的工作制度

连续消化仓的操作主要控制两个参数:一是消化时间;二是出料水分。

消化时间由石灰特性和当时的气温条件共同决定。生石灰消化速度快,同时气温高,消化时间短;反之则长。一般消化时间在 1～3 h。

出料时,出料水分不能太高。在保证消化所需水分的前提下,出料水分越低越好,以混合料不粘到仓壁上和卸料斗的表面为原则。

4.3.4 混碾

消化后的混合料必须要经过一道混凝工艺。混碾对混合料产生混合、摩擦和压实作用,这三种综合作用会使混合料变得均匀致密。这既有利于极限成型压力的提高,获得体积密度较高的密实砖坯,又有利于降低其成型水分,使得产品强度极大提高。

1. 混碾作用机理

混碾机的作用原理是在碾盘运动时,一方面物料被固定刮板不断刮入碾砣下进行压碾,另一方面当物料离开碾砣时，受到圆盘给的离心力又向圆盘四周散开，而散开的物料则会重新被刮板刮入碾砣之下，物料经过若干次反复压碾后卸出。由此可知，物料在碾子内，一方面受到圆柱形碾砣与圆盘平面间的滚动接触所产生的压力及研磨力的作用，另一方面又受到圆盘离心力及刮板搅动力而形成的挤压和混合作用。

2. 混碾机的选型

混碾机的工艺参数主要是碾砣重量和混碾时间。

① 碾砣重量与集料掺杂量有关。集料掺得越多，要求碾砣重量可以小一些；集料掺得越少，要求碾砣的重量越大；碾砣越重，则混合料的体积密度越大，产品质量越好。

② 在碾砣重量一定时，混碾时间越长，物料受碾压的次数越多。因而，混合料体积密度及产品强度随之增长，混碾时间一般控制在 5 min 左右。

4.3.5 砖坯成型

砖坯成型的目的是将松散的混合料加工成所需规格的砖坯。砖的质量在很大程度上取决于砖坯质量，压砖机的产量决定着工厂产量。因此，压砖机是工厂生产的主机，砖坯成型是粉煤灰砖生产的一道关键工序。

1. 成型压力的选择

砖坯质量的主要指标是密实度，用体积密度表征。随着成型压力的提高，砖坯体积密度逐渐增大。由于砖坯内粒子间内摩擦力不断增加，空隙率不断减小，因此体积密度不断增加。然而，随着成型压力的提高，体积密度反而减小，如图 4.17 虚线所示。这是由于砖中残留空气过度压缩后的膨胀以及过大的弹性变形所造成的。当压力远远超过 x 点时，会形成分裂或分层现象，我们称 x 点为极限成型压力点。

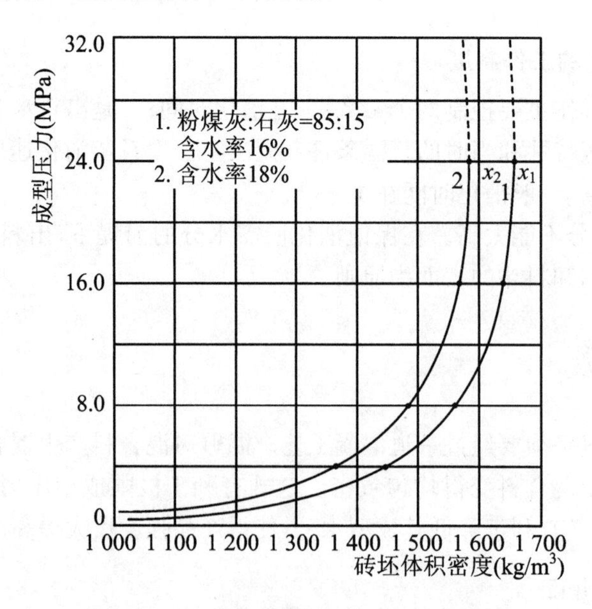

图 4.17 砖坯体积密度与成型压力的关系

极限成型压力通常由物料的物理性能和压砖机的加压方式而定。在物理性能中,影响最大的是颗粒级配。颗粒较粗、级配良好的物料,由于其中所含空气少,压缩空气的膨胀力小以及物料的耐压能力强,其极限成型压力很高。因此,级配良好的灰渣砖混合料的极限成型压力高达80 MPa,其产品抗压强度有可能达到50 MPa。实验证明,当成型压力超过极限成型压力时,产品强度降低,吸水率提高。因此,粉煤灰砖压砖机成型压力的选择以不超过20 MPa为宜。

2. 加压方式的选择

加压方式主要有两种:一种是单面一次冲击式,砖料在压砖机中被从一面加压一次冲击而成;另一种是双面分段加压式,即加压过程是分段进行的,第一段较轻,第二段较重,第三段则两面同时左右完成,全部成型过程在每一段之间存在停歇期以排除空气。

与一次冲击式的压砖机相比,双面分段加压方式的压砖机制备的砖坯产品密实度高,这主要是由于这种压砖机与粉煤灰混合料的物理特性相适应。粉煤灰的物理特性即颗粒细,加压特性必须与这一点相适应。压砖机的加压过程使靠近充模的料层首先被压紧,然后压力克服颗粒相互间及颗粒与模壁之间的摩擦力传递到邻近一层上,从而一层一层的逐渐压紧,压力也逐渐减弱。如果颗粒细,压力传递的层数随之增多,压力传递的速度则相应降低。

由于粉煤灰砖混合料的空隙率大,因此,在压型时最大限度地排除空气是防止粉煤灰砖层裂并提高极限成型压力的关键。实践表明,当采用一次冲击加压时,粉煤灰砖极易层裂。如果按"一轻、二稳、三重"的原则压三下,层裂就会随之抑制,从而保证粉煤灰砖质量。

3. 加料方式的选择

加料方式有三种:一种是进料位置不动,压模移动,加料方向与压模垂直(16孔或8孔圆盘砖机),这种方式加料均匀。第二种是进料位置移动,而压模固定,这种布料方式布料不够均匀。第三种是模腔固定,布料装置移动,在布料下部配置一套强制搅拌装置,通过搅拌动作将混合料均匀地压到模腔当中(HF-11 000压砖机),这种方式不仅控制了布料的均匀度,而且使模腔填料相对密实,因此成型后的坯体强度较前两种方式要高。

4. 控制砖坯质量的指标

成品的质量取决于砖坯的质量。所有不符合质量要求的砖坯都应返回混碾工序,以免浪费原材料和蒸汽。

判断砖坯质量的标准是外观体积、密度和含水率。

① 外观:砖坯的外观良好,尺寸准确,棱角整齐,符合对砖的外观标准的各项规定。

② 体积密度:根据试验,砖坯体积密度与产品抗压强度差不多成直线关系。虽然影响产品质量的因素较多,但是当其他因素固定时,砖坯体积密度是其关键因素。在生产时,可通过调节原料配比,既保证产品强度等级又避免体积密度过大。一般而言,粉煤灰标准砖坯的湿密度(集料含量30%时)在1 800 kg/m^3左右。

③ 砖坯含水率(成型水分):砖坯含水率过大或过小对产品性能都不利。砖坯含水率会随原料及配比、混碾及成型条件而改变。对于不掺或只掺极少集料的粉煤灰砖而言,此值在14%~16%之间波动。当集料掺杂量达到30%时,最佳含水率在11%~13%之间。生产实践表明,最佳含水率要根据一定的工艺条件和原料条件由试验确定。在生产中严格按最佳

值控制，将使产品性能达到最优化状态。

5. 压砖机的发展方向

粉煤灰砖生产线中的核心设备是压砖机。压砖机形成压力的方式有两种：一是机械施压；二是液压加压。现代工厂生产中，这两种方式的压砖机的取坯和码坯都应是机械手自动操作。

6. 典型压砖机组介绍

典型压砖机主要技术参数如表 4.2 和表 4.3 所示。

表 4.2 HF-11000 型压砖机主要参数

公称压力	1 100 t	小时产量	7 200～8 800 块
工作压力	1 000 t	主机质量	45 t
最大添料深度	400 mm	一次压制标砖数	32 块
主机功率	130 kW		

表 4.3 MD64 码坯主要参数

一次码坯(标砖)数量	64 块
功率	8 kW
重量	3.5 t

该压砖机主要技术特点如下：

① 采用模框浮动式结构，通过调整压制活塞同模框运动的速度差实现双向加压，产品密度均匀、质量好，解决了单向压制因物料受力传递不均造成的坯体密度不均匀的问题，同时具备脱模功能，结构简单。

② 采用粉料强制搅拌机构，加快了布料速度，适用于多种粉料；比例技术控制自动布料的运动，布料速度无级可调，使布料均匀。

③ 采用自动布料器和自动出砖一体系统，将布料和出砖相结合，使结构简单，提高了生产效率。气动出砖机构，采用薄膜气缸的原理设计，以软性薄膜直接夹取砖坯，通过调整气压压力来调节夹持力。结构简单，实用可靠。

④ 采用分级加压、多次自动排气等新工艺，产品完全没有分层微裂的现象，解决了粉煤灰砖因颗粒太细，且料径相差较小、级配不好而导致混合料中含气量较高，在压制过程中因排气困难而产生的水平层裂的难题，是目前国内外最先进的粉煤灰蒸压砖设备。

⑤ 采用半干粉千吨全自动液压压制，成型压制力最高可达 24 MPa。可一次压制标准砖 32 块，使制品生产周期短，坯体初始强度高，利于自动化生产，使得生产效率及制品强度远远高于其他设备。

⑥ 配备全自动码坯装置，每次可夹取 64 块标砖，实现自动夹取，自动码放。自动化程度高，消除了人工码坯造成的破损率高的特点。

⑦ 液压比例技术控制模框的速度和位置，通过直线位移传感器可自动检测砖厚尺寸，并能自动调整填料深度，实现砖厚的自动调整，解决其他设备制品尺寸误差大等问题。

⑧ PLC自动控制压制、排气、码坯等动作，具有多个菜单显示，触摸式操作，方便调整压力、排气、布料的参数，操作简便。

⑨ 主机行程大，方便更换模具，并配备快速换模机构，客户可快速更换模具生产各种规格的多孔砖、砌砖、路面砖等低成本、高品质的制品。

4.3.6　养护

对砖坯进行养护是煤灰砖生产的最后一道重要工序，其目的是使煤灰和集料中的活性成分(活性 Al_2O_3、SiO_2、石灰 $Ca(OH)_2$)直接在水的参与下发生水化反应，生成具有强度的水化产物。这道工序对产品能否达到预期的物理力学性能指标十分重要。

1. 养护方法

粉煤灰砖的养护方法可分为三种：一是常温养护；二是常压蒸汽养护；三是高压蒸汽养护。由于常温养护的化学反应速度缓慢，产品性能差，无法实现工业化连续生产，已被行业所摒弃。常压蒸汽养护虽然水化产物形成的速度与数量都高于常温养护，但其产品物理力学性能及耐久性都无法与高压蒸汽养护的产品相比。因此，高压蒸汽养护已成为我国粉煤灰砖生产工艺中不可替代的关键环节。

高压蒸汽养护可以加速水化和水热合成反应，增加制品中的水化产物数量，提高水化产物结晶度。因此，在配合比相同时，高压养护粉煤灰砖的强度要远高于常压养护粉煤灰砖的强度。同时，在任何情况下高压养护粉煤灰砖的抗折强度都比常压养护粉煤灰砖高一倍以上。在干燥收缩、抗干湿循环和抗冻性方面，高压养护砖也比常压养护砖优越。

2. 预养

为使砖坯在进行蒸汽养护之前具有一定的强度，以抵抗养护升温的温度变化和水分迁移所引起的应力导致制品裂缝，同时，也为了使未消化完全的石灰颗粒在养护前能继续充分消化，在进行蒸汽养护前，砖坯常常要静止停放一段时间，这一工序称为预养或静停。

(1) 预养对砖坯的影响

① 预养对砖坯强度的影响

图4.18为预养对砖坯强度的影响。如果不进行预养，砖坯强度只有0.18 MPa，而预养10 h后砖坯强度可提高到0.38～0.8 MPa。

② 预养对砖坯重量的影响

图4.19为预养对砖坯重量的影响。当进行干热预养时，砖坯水分蒸发，重量减轻2%～3.5%；当进行湿热预养时，由于预养室被饱和蒸汽充满，砖坯吸收蒸汽中的水分，重量增加4%～5%。

③ 预养对砖坯体积的影响

预养对砖坯体积的影响不大，最大时线膨胀只有0.05 mm/m，基本上不变形，不致引起砖坯裂纹。预养对砖坯体积的影响如图4.20所示。

④ 预养的作用

由上列预养对砖坯的影响实验结果可知，预养过程实质为凝结过程。伴随着预养的进行，砖坯的强度、重量和体积都发生了变化，但体积变化不大，不致引起砖坯裂纹。

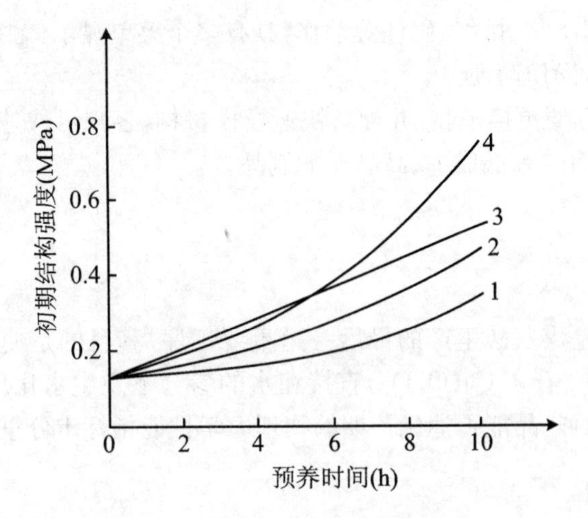

图 4.18 不同预养时间的砖坯强度

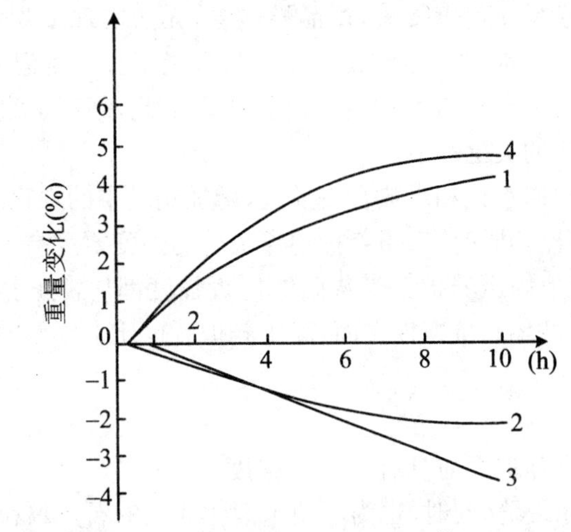

1—50 ℃湿热；2—50 ℃干热；3—60 ℃干热；4—60 ℃湿热

图 4.19 静停过程中砖坯的重量变化

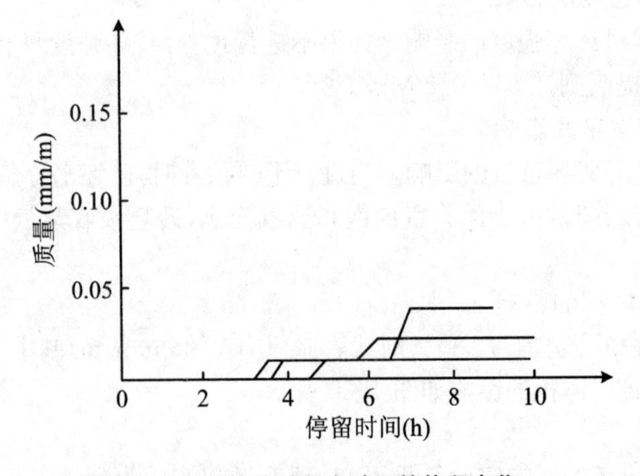

图 4.20 静停过程中砖坯的体积变化

(2) 预养方式

预养分为自然预养、湿热预养和干热预养三种。

① 自然预养就是停放在室内的自然环境中。

② 湿热预养是将砖坯置于预养室中，将门封闭后，缓慢通入饱和蒸汽。一般预养时间为3～7 h。当砖坯含水率不高，室温不能保证在10 ℃以上时，比如我国许多非采暖地区冬季室温有时在零度以下，则可采取湿热预养。湿热预养的优点是：蒸汽消耗量小，升温时间短，预养室构造简单。

③ 干热预养是在预养室中设置干热管道，砖坯装入预养室后，闭上室门，打开顶部的排气孔，然后将蒸汽通入干热管道内，借干热管道的散热加热空气介质，使砖坯脱去一部分水分，提高蒸前强度。干热预养适用于成型水分大的砖坯。

(3) 预养的时间和温度

① 自然预养的时间

自然预养的时间长短取决于气温和砖坯的含水率，也与石灰用量和消化程度有关，一般控制在1～5 h。

② 热预养时间和温度

试验表明，在40～50 ℃的条件下，预养6 h能够保证砖坯不裂缝，而且强度最高。

3. 高压蒸汽养护

(1) 养护设施

高压蒸养的养护设施主要是蒸压釜和蒸养车。其中，蒸养车的功能是装载砖坯。由于本身没有动力，构造简单，主要是四个轮子上设放砖的台面。蒸养车的台面有满铺钢板和带缝隙的两种。满铺钢板台面在长期使用中，平衡度降低，砖坯受力不均，易于破损。带缝隙台面是由四块薄壁型钢冲制的盒状台面组成，四块之间留有缝隙，其优点是不易变形，易于清扫。

蒸养车出入釜有两种方式：一种是卷扬机牵引成列出入，主要用于贯通釜；另一种是顶车机推拉，主要用于尽端釜。

卷扬机牵引是指在蒸压养护好的成品列车被卷扬机拉出的同时，把待养护的砖坯列车一起拉进釜。此时，在成品列车和砖坯列车之间用钢丝绳连接，这样进出釜一次完成，既省工又省时，还可使蒸压釜的热量损失减少到最低。

卷扬机牵引有两种方式：一种是将卷扬机固定安装，另一种是将卷扬机安装在摆渡车上。前者拉钢丝绳的操作较后者麻烦。此外，还有可以在纵横两个方向移动的卷扬机，它本身设有传动装置，可以在每条蒸养车的轨道上移动，把蒸养列车牵引出来，可以运行到摆渡车上，借摆渡车的动力转移到其他各条蒸养车轨道上。这种方式完全摆脱了拉钢丝绳的麻烦。

顶车机推拉主要应用于尽端釜。顶车机有齿条式、螺旋式和绳索式等结构。

(2) 蒸养车的清扫

蒸养车在使用过程中逐渐粘上砖坯的混合料颗粒，随着蒸压养护颗粒硬化造成台面凸凹不平，使砖坯损坏。因此，必须及时清理，在养护车的回车线上安装台面清扫机。清扫机由一排四个清扫钢丝刷组成，钢丝刷一边行走，一边以600 r/min以上的转速旋转，钢丝很硬,所有粘在台面上的物料都能清扫干净。

(3) 养护制度

提高蒸压釜内蒸汽的压力和温度,可以加速石灰和粉煤灰中活性组分的相互作用,缩短制品的养护周期,提高产品质量。目前,国外灰砂砖行业对于灰砂砖高压蒸养有一个最优蒸压养护制度的经验公式:

养护压力×恒温时间=6.4～8.0(MPa·h)

该公式对粉煤灰砖的高压蒸养具有一定参考价值,可以以此为基础寻求粉煤灰砖高压蒸养的规律性。

应该指出,对粉煤灰砖内在质量的评价不能单纯以抗压强度为准。在评价粉煤灰砖的内在质量时,还应考虑抗压强度、抗折强度、抗冻性和收缩值。这四个参数有时相互矛盾,强度高不一定收缩值小,而收缩值的大小对粉煤灰砖的应用十分重要。通常,粉煤灰砖的收缩值大于粘土砖,以致粉煤灰砖的墙体经常因收缩值过大而产生裂缝。为了克服该弱点,必须采取许多构造措施缩短温度变形缝的间距。但是,这样会带来施工麻烦,提高墙体造价,增加粉煤灰砖推广应用的难度。因此,减少收缩值有时比提高强度显得更加重要。降低收缩值的重要措施之一就是适当提高压力,确定合理的蒸养制度,以下是一些可供参考的规律。

① 对于一定的配合比和一定工艺生产条件的砖坯,有其最优的蒸养压力。提高压力,例如达到1.6 MPa或2.5 MPa,制品抗压强度不一定高,但收缩值大为降低。

② 在一定的蒸养压力下,也有其最优的恒温时间。一般来说,当蒸养压力较低(如0.8 MPa)时,适当延长恒温时间,可以提高强度,降低收缩率。当蒸养压力较高(如1.6 MPa)时,延长恒温时间,将降低收缩率,但强度也有所下降。

③ 提高蒸养压力,适当延长恒温时间,可以提高抗冻性和粉煤灰砖的其他耐久性指标。

根据灰砂砖行业的研究,恒温时间的延长和恒压压力的提高,其作用在于使砖内的新生成物由单一的CSH(Ⅱ)向CSH(Ⅰ)和托贝莫来石转化,使疏松的CSH(Ⅱ)纤维状结构中不断充实CSH(Ⅰ)和托贝莫来石,从而形成致密的CSH(Ⅱ)、CSH(Ⅰ)和托贝莫来石共存的网络状密晶结构,从而增强晶体间抵抗塑力的能力。在环境条件变化时,不致产生过大收缩,其机理对粉煤灰砖应该同样适用。

我国当前各粉煤灰砖生产企业采用的蒸养制度是:50 ℃左右湿热条件下预养3～4 h,进釜后在2～3 h内升温至174.5 ℃(0.8 MPa)以上,恒温(170.5 ℃)以上6～7 h,降温2～3 h(出釜温度差小于80 ℃)。

4.3.7 成品处理

由于我国经济发展水平所限,墙体材料价格很低,劳动力相对便宜,建筑工地很少使用装卸机卸砖。因此,目前对粉煤灰砖都不予包装,多采取散堆散装。这种状况估计短期内不会改变。

虽然说粉煤灰砖可以通过喷涂法或盐溶液浸渍法着色成为粉色砖,但由于生产过程比较复杂,产出量很低,成本很高,市场需求极少,着色生产工艺一直没有得到广泛应用。

4.3.8 典型工艺设备的计算和选择

以年产 8 000 万块标准粉煤灰砖为例，进行蒸压粉煤灰砖生产使用的工艺设备选择和计算。

由标准砖质量可知，公称尺寸为：长×宽×高(240 mm×115 mm×53 mm)。

标准砖质量：1 900 kg/m^3，684 块/m^3；每块砖质量：1 900÷684=2.77 kg。

选择如下配方：

① 粉煤灰掺杂量：65%；② 河砂掺杂量：20%；③ 石膏掺杂量：占总料量的 2%；④ 石灰掺杂量：13%；⑤ 成型水分量：干重的 11%。

每天原料的质量：每天标准砖数量×每块质量=80 000 000/365×2.77≈606 630 kg=606.63 t；日用粉煤灰量：606.63×65%=394.31 t；日用河砂量：606.63×20%=121.33 t；日用石膏量：606.63×2%=12.13 t；日用石灰量：606.63×13%=78.86 t；日用水量：606.63×11%=66.73 t。

1. 破碎和粉磨设备的选择和计算

原料破碎和粉磨系统的设备包括：颚式破碎机、球磨机(或立式粉磨机)、斗式提升机、钢制料仓、螺旋输送机、计量皮料秤、脉冲式收尘器等。

2. 给料设备的选择和计算

(1) 电磁振动给料机

典型电磁振动给料机主要技术参数如表 4.4 所示。

表 4.4　DZ25 电磁振动给料机的主要技术参数

料槽振幅	1.5
频率(次/分)	3 000
功率(kW)	650
给料粒度(mm)	2～65
设备质量(kg)	656

(2) 刚性叶轮给料机

典型刚性叶轮给料机主要技术参数如表 4.5 所示。

表 4.5　GY-500 刚性叶轮给料机的主要参数

规　格	500×500
生产能力(t/h)	100
转速(r/min)	33
功率(kW)	4

刚性叶轮给料机是利用带格室的旋转叶轮，从上部贮料仓成料，斗内把粉状及小粒状物料转送到下部的出料口排出，使均匀给料成变速给料。使用恒转速给料时，JL(T)型刚性叶

轮给料机可实现均匀给料。如采用调速电机，可根据需要随时调节和改变叶轮转速从而实现给料量的调节。

每天原料的质量：606.63 t；日用水量：66.73 t；给料机给料总质量＝606.63＋66.73＝673.36 t；采用 GY-500 型刚性叶轮给料机，每台日给料量：100 t/h×7.5 h＝750 t；因为750＞673.36，所以购买一台 GY-500 型刚性叶轮给料机。

3. 配料计量设备

组合式自动配料机 PLJ 配料机（基本型）的主要技术参数见表 4.6。

表 4.6 PLJ-03 配料机的主要参数

项　目	PLJ-03
储料斗容积（m^3）	3
储料斗数量（个）	1.5
计量斗容积（m^3）	3
计量斗数量（个）	3
给料皮带机型号	B800×1 500
给料皮带机数量（个）	3
设备重量（t）	1 300

配方：

a. 粉煤灰掺杂量：65%；　b. 河砂掺杂量：20%；

c. 石膏掺杂量：占总料量的 2%；d. 石灰掺杂量：13%。

由于 c、d 组成胶结料，需要 3 个仓，所以购买一台 PLJ-03 型号的配料机。

罐式计量秤

a. FGC-2.8 粉煤灰罐式计量秤一个；

b. JGC-1.5 胶结料罐式计量秤一个；

c. SGC-1.0 罐式水计量秤一个。

4. 搅拌、混匀设备的选择和计算

LWJ(A)型立式紊流搅拌机

立式紊流搅拌机是近几年专门为蒸压粉煤灰砖的生产而设计研发的混匀设备。其技术路线是搅拌筒同时相向运动，能够产生高速、紊乱运动的料流以提高物料混匀程度；特点是搅拌效率高、混匀效果好。主要技术参数见表 4.7。

表 4.7 LWJ(A)型立式紊流搅拌机的主要参数

项　目	LWJ40B
装料量（L）	4 000
搅拌轴（个）	2
转筒转速（r/min）	13
转筒电机功率（kW）	22

标准砖质量：1 900 kg/m^3，684 块/m^3，可知密度为 1 900 kg/m^3。

由前面计算可知，每天原料的质量为 606.63 t；日用水量为 66.73 t；每天料总质量为 673.36 t。

每天原料体积：673 360 kg÷1 900 kg/m^3＝354.4 m^3＝354 400 L；

搅拌次数：354 400÷4 000＝88.6 次；

台数：搅拌次数÷每台每天搅拌次数

＝88.6÷10＝8.9 台≈9 台。

所以，预购买 9 台 LWJ40B 型立式紊流搅拌机。

5. 消化、混碾设备的选择和计算

(1) XHC32 连续式消解仓

XHC32 连续式消解仓的主要技术参数如表 4.8 所示。

表 4.8　XHC32 连续式消解仓的主要技术参数

项　目	XHC32-80
处理量(m^3/h)	0～80
容积(m^3)	80
功率(kW)	11

因为出料时间和消化时间可以相等，所以预购买 1 台 XHC32 连续式消解仓。

(2) 行星式轮碾混料机

行星式轮碾混料机的主要参数如表 4.9 所示。

表 4.9　XLH-2500 行星式轮碾混料机的主要参数

项　目	XLH-2 500
装料量(kg)	2 500
混合铲数量(个)	两组共 8 件
碾轮数量(个)	2
碾轮规格	ø1 000 mm×300 mm
功率(kW)	45

由前面计算可知，每天原料的质量为 606.63 t；日用水量为 66.73 t；每天料的总质量为 673.36 t。

由于混碾时间一般控制在 5 min；混碾次数：7.5 h×60÷5＝90 次；

每台每天混碾机工作量：装料量×混碾次数＝2 500 kg×90＝225 000 kg＝225 t；

混碾机台数：每天料总量÷每台每天混碾机工作量＝673.36÷225＝2.99 台≈3 台。

所以，预购买 3 台 XLH-2500 行星式轮碾混料机。

6. 压制成型设备的选择和计算

(1) 全自动液压墙体砖压砖机

典型全自动液压墙体砖压砖机主要技术参数见表 4.10 所示。

表 4.10 HF-11000C 型全自动液压墙体砖压砖机的主要参数

小时产量	7 200～8 800 块
一次压制标砖数	32 块
最大添料深度	400 mm
主机功率	130 kW
工作压力	1 000 t
公称压力	1 100 t
主机质量	45 t

(2) 压砖机的选型计算

① 成品砖日产量

$$Q_c = QK_t Bt_B(1 - K_f)$$

式中,Q_c:压砖机的成品砖日产量,块/(日·台);

Q:压砖机台时砖坯生产能力,块/(时·台);

K_t:压砖机的利用率,根据砖机质量和维修状况而异,一般可按 0.9 计算;

B:工厂生产班制;

t_B:每班生产时间,一般可按 7.5 h 计算;

K_f:养护废品率,一般为 3%。

采用 HF1000C 型蒸压机,蒸压机技术参数:

$$Q_c = 8\,800 \times 0.9 \times 1 \times 7.5 \times (1 - 3\%) = 57\,618 \text{ 块。}$$

② 工厂压砖机台数

$$n = Q/Q_c$$

式中,n:工厂压砖机配置台数;

Q:要求的日产成品砖数,块/日;

Q_c:每台压砖机的成品砖日产量,块/(日·台);

Q=8 000÷365=21.9 万块;

n=219 000÷57 618=3.8≈4 台。

预计购买 5 台 HF11000C 型压砖机,减缓压砖机工作压力。

7. 蒸压养护设备的选择和计算

(1) 蒸压釜的规格

蒸压养护用的主要设备是蒸压釜,主要技术参数见表 4.11。

表 4.11　蒸压釜设备参数

项　　目	ø3 500×L
釜体内径(mm)	ø3 500
有效长度(mm)	21 m
设计压力(MPa)	1.6
设计温度(℃)	204.3
负压(MPa)	−0.1
最大工作压力(MPa)	1.5
工作介质	饱和水蒸气,呈碱性(或酸性)冷凝水
釜内轨道(mm)	根据需求设定

(2) 蒸压釜的构造

蒸压釜主要由开启装置、覆盖装置、摆动装置、阻汽排水装置、釜体装置、固定支座、活动支座、安全装置、管道阀门仪表和保温层等组成。

釜体是蒸压釜的主体,它的筒体部分是用钢板卷制后拼接而成,筒体两端焊有由锻件加工而成的带有快开门啮合齿的整体法兰(或一端有法兰另一端为椭圆形封头),筒体外部焊有若干个增加刚性的加强环及用于抽真空、进排气、排放冷凝水、测温、测压等接管。

釜体内铺设两条供蒸养车行走的轨道,轨道结构形式为刚性连接和活动连接两种。刚性连接的优点是降低轨道顶高度,充分利用釜体内空间,承受载荷量比较大,活动连接时规定高度受到一定限制不易降低,但却可以避免釜体和轨道受热膨胀不均匀而产生的附加压力,同时耐磨性也比较好,轨道的结构形式可根据承受载荷大小和扶梯内空间高度的要求等情况而定。蒸压釜专业标准推荐采用活动连接结构。

蒸压釜的进汽方式分为上部进汽、侧面进汽(含双侧进汽)、侧下方进汽及底部进汽等记录,可根据工艺要求及其他情况选择进汽方式。

设计拟采用侧面、侧下方或底部进汽,尽量不采用上部进汽。

(3) 养护设备的计算

① 每台蒸压釜的年产量:

$$Q_f = n_f F \times 24/T_f(1-K_f)T_n \times 10^{-4}$$

式中,Q_f:蒸压釜的年产量,万块标砖/年;

n_f:每釜装入的蒸养车数,辆,一般采用 1 650 mm×1 025 mm 的平板台面蒸养车,长度为 21 m 的釜可装 20 辆;

F:每台蒸养车装砖坯数,块/车,1 650 mm×1 025 mm 的平板台面蒸养车可装标准砖 1 320块;

T_f:养护周期,一般按 12 h 计算;

K_f:养护废品率,一般按 3%计算;

T_n:工厂全年生产天数,日。

Q_f=20×1 320×24/12×(1−3%)×365×10^{-4}=1 869.38 万块。

② 工厂配备蒸压釜台数:

$$n = Q/Q_f$$

式中,n:蒸压釜台数;

Q:工厂生产规模,万块标砖/年;

Q_f:每台蒸压釜的成品砖年产量,万块/(年・台)。

$$n = 8\,000 \div 1\,869.38 = 4.28 \approx 5 \text{ 台}。$$

③ 蒸养车数量:

$$C = (n+2)n_f$$

式中,C:蒸养车数量;

n:蒸压釜台数,台;

n_f:每釜放置的蒸养车数,辆/釜。

$$C = (5+2) \times 20 = 140\ (\text{辆})$$

(4) 蒸汽消耗量的估算

蒸压养护所用的饱和蒸汽由工厂自设的锅炉房或附近发电厂供应,要向蒸汽供应部门提供每日蒸汽用量和最大小时耗气量。

① 一台蒸压釜在一个养护周期内的总消耗气量:

$$Q = S \cdot q$$

式中,Q:一台釜在一个养护周期的总耗气量,kg;

S:一台釜装坯数,千块标砖;

q:每一千块砖坯在一个养护周期内的蒸汽耗量,kg/千块标砖。在设计单位向供给部门提供资料时,可按 300~400 kg/千块标砖提供,但实际耗气量与当地气候条件及蒸汽利用率有关,在南方充分利用废气及冷凝水时,耗汽量远低于此值,一般不超过 200 kg/千块标砖。

$$Q = S \cdot q = 20 \times 1\,320 \div 1\,000 \times 400 = 10\,560\ (\text{kg})$$

② 计算一台蒸压釜在一个周期内在升温、恒温等各个阶段上的小时耗汽量:

升温阶段小时耗气量:

$$Q_b = Q \cdot b/t_b$$

式中,Q_b:一台蒸压釜在升温阶段的每小时耗气量,kg/h;

b:一台蒸压釜在升温阶段耗气量占一个周期总耗气量的百分比,一般占 80%;

T_b:升温时间,h。

$$Q_b = Q \cdot b/t_b = 10\,560 \times 80\% \div 2 = 4\,224 \text{ kg}。$$

恒温阶段小时耗气量:

$$Q_c = Q \cdot b/t_c$$

式中,Q_c:一台蒸压釜在恒温阶段的每小时耗气量,kg/h;

b:一台蒸压釜在恒温阶段耗气量占一个周期总耗气量的百分比,一般占 20%;

t_c:恒温时间,h。

$$Q_b = Q \cdot b/t_c = 10\,560 \times 20 \div 7 = 301.71 \text{ kg}$$

③ 列出工厂蒸压釜运行周期表,找出养护工序的最大小时耗气量区段。

蒸压釜运行周期表的编制办法:例如某厂为连续周制生产,5 台蒸压釜,养护制度:釜外预养 4 h,入釜操作 0.5 h,升温 2 h,恒温 7 h,降温 2 h。

按下式计算各釜之间的操作间隔时间:

$$A = T_f/n$$

式中,A:各蒸压釜之间养护操作间隔时间,h;

T_f:养护总周期(包括进出釜的时间),h;

n:蒸压釜台数,台。

$$A = T_f/n = (4 + 0.5 + 2 + 7 + 2) \div 5 = 3.1\ \text{h}$$

④ 计算养护工序最大小时耗气量:

$$Q_{max} = n_b Q_b + n_c Q_c$$

式中,Q_{max}:养护工序所需最大小时耗气量,kg/h;

n_b、n_c:分别为小时最大耗气量时,同时升温和恒温的蒸压釜数量,一般一台蒸压釜升温,两台蒸压釜恒温,一台蒸压釜降温。

$$Q_{max} = n_b Q_b + n_c Q_c = 1 \times 4\,224 + 2 \times 301.71 = 4\,827.42\ \text{kg}$$

第5章　废旧高分子资源化利用工程设计

5.1　废旧橡胶再生的现状

5.1.1　废旧橡胶概述

我国每年都产生了大量的废旧橡胶，这些废旧橡胶对环境造成了巨大的污染，成为了一个亟待解决的问题。为了解决大量废旧橡胶给社会带来的危害，在一系列循环经济政策的鼓励下，一些厂家已经开始对废旧橡胶进行了循环利用，将其加工成胶粉、再生胶，或对其进行裂解从而提取有价值的化学产品。

我国属于橡胶资源十分匮乏的国家，国内40%以上的合成橡胶与75%以上的天然橡胶都依赖进口，同时我国也是世界上废旧橡胶产量最大的国家，每年产生的废旧橡胶复合材料接近500万吨，而回收利用率仅为50%左右。我国很多地方对废旧橡胶采取随意丢弃或填埋焚烧等简单处理方法。废旧橡胶是有毒有害的固体废弃物，其抗热性、抗降解性很强，埋入地下100年都不会降解，因此这些废旧橡胶造成了严重的环境污染和极大的资源浪费。

废旧橡胶按来源可分为在生产过程中产生的以及在使用、消费过程中所产生的。

在橡胶制品的生产过程中，不可避免地会出现废品、边角料和试验料等。如模压或注射硫化产生的废品以及飞边和流道胶；在挤出连续硫化产品时产生的废品、胶边等；混炼压延、压出过程中由于工艺控制不当产生的焦烧胶；在成型过程中产生的边角料；试验过程中产品的废品及边角料等。一般在生产过程中产生的废旧橡胶占整个废旧橡胶的5%～10%。

在使用过程中，废旧橡胶的主要来源为废橡胶制品，即报废的轮胎、人力车胎、胶管、胶带、工业杂品等。报废轮胎是废旧橡胶产品中数量最大、处理工艺技术最为复杂的产品。除报废轮胎要切除胎圈、分离骨架材料(钢丝和纤维材料)外，所有废旧橡胶产品处理的工艺均相差不大。

废旧橡胶制品种类繁多，按橡胶制品的品种主要分以下几类：

(1) 轮胎。轮胎按有无内胎可分为无内胎轮胎和有内胎轮胎两种。一般轮胎由外胎、内胎组成。外胎使用的橡胶主要是天然橡胶、顺丁橡胶和异戊橡胶等；内胎使用的橡胶主要是天然橡胶、丁苯橡胶和丁基橡胶等。轮胎按用途可分为汽车轮胎、飞机轮胎、拖拉机轮胎、摩托车轮胎、人力车轮胎和自行车轮胎等。

(2) 胶带。胶带按其用途主要分为输送带和传动带。胶带使用的橡胶主要是天然橡胶、丁丙橡胶、顺丁橡胶、乙丙橡胶、氯丁橡胶和聚氯胺酯橡胶等。

(3) 胶管。胶管按结构分为夹布胶管、纺织胶管、缠绕胶管、针织胶管和其他胶管。胶管使用的橡胶主要是天然橡胶、丁苯橡胶、氯丁橡胶、氮醚橡胶、乙丙橡胶、丁基橡胶、硅橡胶、丙烯酸酯橡胶和氟橡胶等。

(4) 胶鞋。胶鞋分为布面胶鞋和胶面胶鞋。胶鞋使用的橡胶主要是天然橡胶、氯丁橡胶、丁基橡胶、聚氨酯橡胶等。另外，橡胶并用材料、热塑性弹性体材料在胶鞋的应用中也占一部分。

5.1.2 废旧橡胶再生典型工艺

废旧橡胶的用途非常广泛，一般废旧橡胶的利用大体可分为废橡胶原物、改制、物理及化学加工利用。废橡胶原物或改制利用主要用于轮胎翻修、水土保持、树木保护、船舶护舷、体育游戏、轨道缓冲、道路垫、施工用灰桶、鞋底、马具、牧场栅栏、救生圈等。物理和化学加工利用主要集中在再生橡胶、胶粉、橡胶沥青上。

总的来讲，现阶段我国废旧橡胶的利用大致可以分为以下几种：回收制成再生胶、制成胶粉、作为燃料以提供能源、热裂解后提取有价值的化学产品。

1. 废旧橡胶材料回收方法与工艺

(1) 制成再生胶

再生胶是指废旧橡胶轮胎经过粉碎、加热、机械处理等物理化学过程，使其弹性状态具有塑性和黏性，然后利用脱硫技术将其化学键切断，所制成的可硫化的橡胶。再生胶组分中除含橡胶烃外，还含有炭黑、软化剂和无机填料之类的配合剂，它的特点是具有高度分散性和相互掺混性。

再生胶有很多的优点：

① 有良好的塑性，易与生胶和配合剂混合。

② 收缩性小，能使制品有平滑的表面和准确的尺寸。

③ 流动性好，易于制作模型制品。

④ 耐老化性好，能改善橡胶制品的耐自然老化性能。

⑤ 具有良好的耐热、耐油和耐酸碱性。

⑥ 硫化速度快，耐焦烧性好。

橡胶工业一直在开发和使用这种再生橡胶，特别是在开发初期，再生胶占有很高的耗胶比例。但是，由于环境保护方面的法律法规越来越严格，再生胶的产量在缩减，许多再生胶生产厂因居民抗议其向周围散发的难闻气味而关闭。剩下的再生胶厂安装了昂贵的废气和污水的处理装置，但也存在一些问题，如处理过程的温度高、使用腐蚀性化学品、能耗大等。

(2) 制备成胶粉

由于生产再生胶存在的环保问题，自 20 世纪 80 年代末以来，世界工业发达国家大多已从通用型再生胶的生产转入了胶粉活化改性或精细胶粉的直接利用阶段。胶粉的最大特点是加工过程简单，与生产再生胶相比，省去了脱硫、精练等工序，节省了大量的专用设备、厂房、动力和人力，而且省去了软化剂、活化剂、增黏剂等化工原料，并且不存在废水、废气、粉尘的污染，从根本上治理了生产再生胶带来的二次污染。同时精细胶粉的性能优于再生胶，具有极其广泛的应用。

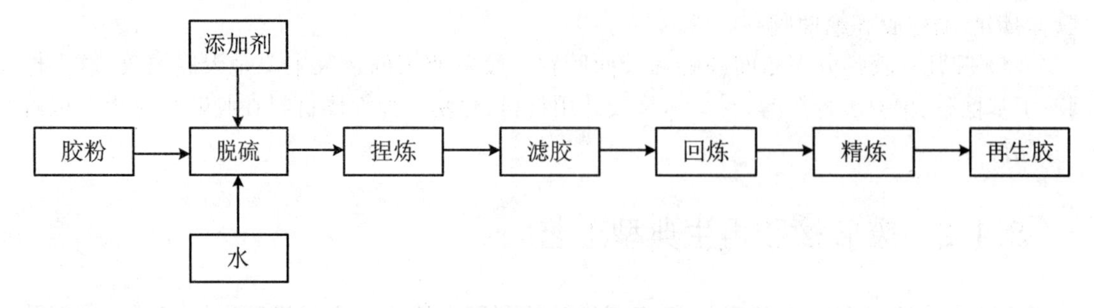

图 5.1　废旧橡胶制备再生胶工艺流程图

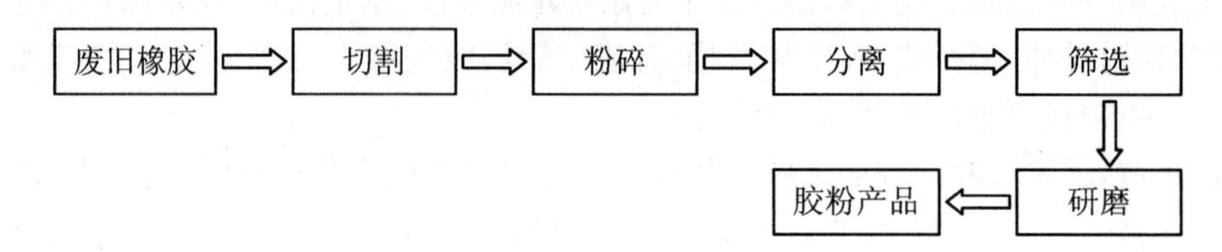

图 5.2　废旧橡胶制备胶粉工艺流程图

用废旧轮胎制成胶粉是目前最有前途的处理方法之一。胶粉一般为废旧轮胎通过切割—粉碎—分离—筛选—研磨等工序制成。由于工艺装备上的不同，所得胶粉产品的粒度也有大有小。

2. 废旧橡胶焚烧工艺

橡胶在 300～350 ℃下气化和急剧燃烧，在 450 ℃下燃烧结束；炭黑在 600～650 ℃下完全燃烧成灰。相对于大多数的煤来说，轮胎具有很高的热值(29～37 MJ/kg)，其热值比木材和煤炭高，被认为是一种有吸引力的潜在能源。

焚烧废旧轮胎获得的能量可用于水泥厂。切碎的轮胎片或整个轮胎从水泥粉末原料投入口投入，可以作为水泥燃料和原料，轮胎中的硫黄和钢丝可作为水泥原料的成分。但是废旧轮胎作为燃料有一定的危害，废轮胎或胶片燃烧会产生大量的一氧化碳和碳氢化合物，对环境有一定的污染。

废旧橡胶的焚烧回收热能的工艺如图 5.3 所示，由于废旧橡胶的成分复杂，其燃烧所产生的废气需要加以处理，同时也有一些燃烧的残留物需要处理，此种处理方法容易对环境产生一定的污染。

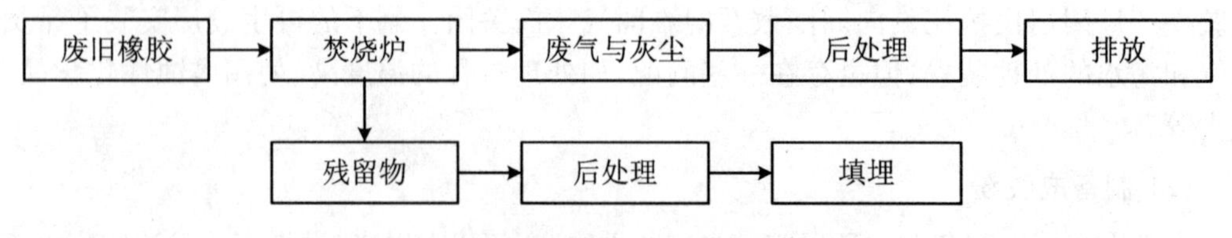

图 5.3　废旧橡胶焚烧回收热能工艺流程图

3. 废旧橡胶热解工艺

废轮胎经热裂解,可提取具有高热值的燃料气、富含芳烃的油以及炭黑等有价值的化学产品,这是废旧轮胎回收利用的另一种新途径。在裂解反应器中于 80～600 ℃下裂解处理废轮胎,可生产裂化石油气和粗炭黑混合物。裂化石油气经进一步纯化后即可使用;混合油经酸碱中和、水洗、吸附、蒸馏后,可制得各种石油制品(溶剂油、芳香油、柴油等);粗炭黑经粗粉碎、磁分离、二次研磨、空气分离等步骤后,可得到各种颗粒度的炭黑,用以制成各种炭黑产品。

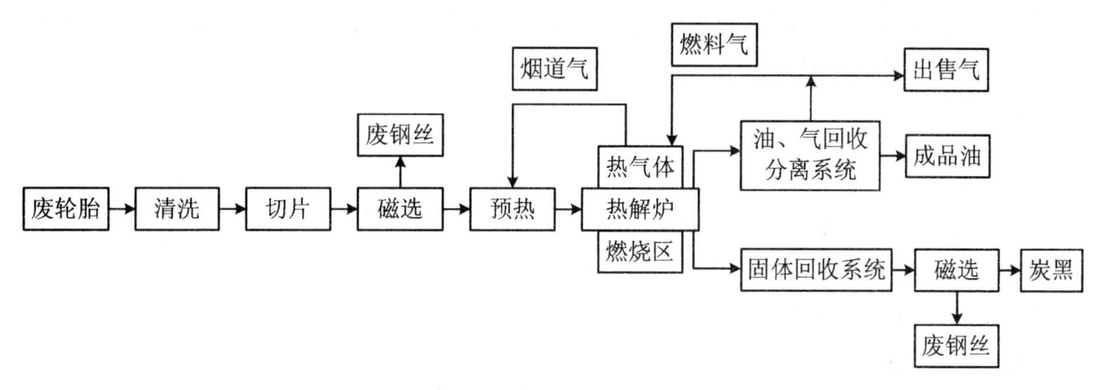

图 5.4　废旧橡胶热解工艺流程图

废旧橡胶热解工艺是一种较好的利用途径,其裂解过程所产生的化学品基本都可以被利用,对环境产生的污染小,它的缺点是消耗大量的能源。

5.2　废旧塑料再生的现状

5.2.1　废旧塑料概述

1. 废旧塑料概述

塑料具有优异的化学稳定性、耐腐蚀性、电绝缘性、绝热性、优良的吸震和消音隔声作用,并具有很好的弹性,能很好地与金属、玻璃、木材等其他材料粘接,易加工成型。在四大工业材料中,塑料的数量、作用、地位、应用范围急剧扩张,大量代替金属、木材、纸张等,广泛应用于国民经济的各个领域。20 世纪 60 年代末,在结构材料的总消耗中,黑色金属占 60%;20 世纪 90 年代,合成塑料占 78%,黑色金属占 19%。可以说,没有任何材料像塑料一样有如此广泛的用途。废旧塑料来源于生活中的各种塑料包装物、购物袋、农膜、编织袋、饮料瓶、塑料盆、塑料壶、塑料桶、玩具、文具、塑料鞋、车辆保险杠、家用电器外壳、电脑外壳、废聚氯管、工业废旧塑料制品、塑料门窗、聚酯制品(聚酯薄膜、矿泉水瓶、可乐瓶等)以及塑料成型加工过程中的废料等。据有关部门统计,一个中等城市每年产生的塑料废弃物,可满足二十家中、小型塑料企业的原料需求，废旧塑料资源被现代经济学家称为“人类的第二矿藏”“城市里的宝藏”！开发利用废旧塑料资源，既可有效治理污染，又可创造巨大的经济和环境效益，是利国利民的绿色环保产业。

回收后的废旧塑料，需要经过不同的技术处理实现塑料制品或材料的再利用。根据处理的种类不同，可以将现有的废旧塑料利用技术分为两大类：单品类塑料聚合物处理技术和多品类塑料聚合物综合利用技术。单品塑料聚合物处理技术是指根据不同种类的塑料如聚乙烯（PE）、聚丙烯（PP）、聚酯（PET）、聚苯乙烯（PS）、聚氯乙烯（PVC）等制定不同的加工处理工艺，单独进行回收再利用。其中包括简单再生技术、物理改性技术等。多品类塑料聚合物综合利用技术是指针对成分复杂不易分离的塑料制品或者混合后处理效果好的塑料制品同时进行综合处理，从而实现综合效益最大化的处理方法。其中包括热能燃料利用技术、化学改性和裂解技术。

2. 废旧塑料处理方式

塑料制品给人类生活带来便利的同时，也带来了极大的负效应，尤其是废旧塑料随着塑料制品使用量的增加而急剧上升，并对环境造成的污染也日趋严重。废旧塑料的主要处理方式大致可以分为以下几种：

(1) 卫生填埋

废旧塑料的填埋处理是一种操作简单、投资成本低的处理方法。塑料具有体积大、质量轻、长期不分解腐烂的特点，填埋废旧塑料占用土地面积大，严重浪费国土资源，破坏土壤结构，阻碍地下水的流通和渗透，并且填埋后的废旧塑料经雨水长期冲刷，会将大量的有害物质带入人类的生活环境中，危害人类的健康。同时废旧塑料中所带的杂质和所含的添加剂、稳定剂、着色剂也会给环境带来二次污染。

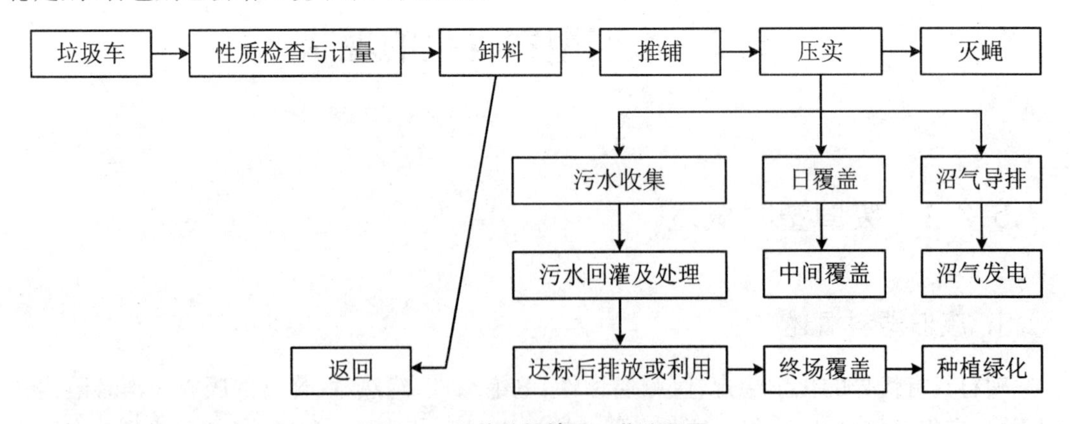

图 5.5　固体垃圾填埋工艺流程图

(2) 焚烧回收热能

焚烧回收热能是指回收利用废旧塑料燃烧时所产生的热量。对于难分离、无法回收的废旧塑料，可以通过燃烧回收热能进行处理。该方法可实现能源的有效利用，变废为宝，操作方便、成本低，但是焚烧时气味难闻，会释放多种有害物质，如强致癌物质二噁英，严重危害人类健康和生态环境。废塑料的主要组成是碳氢聚合物，所以废塑料具有较高的热值和良好的燃烧性能。废塑料的燃烧过程很复杂，通常是由传热、传质、热分解、熔融、蒸发、气相化学反应和多相化学反应等全过程或其中一部分过程所组成的。

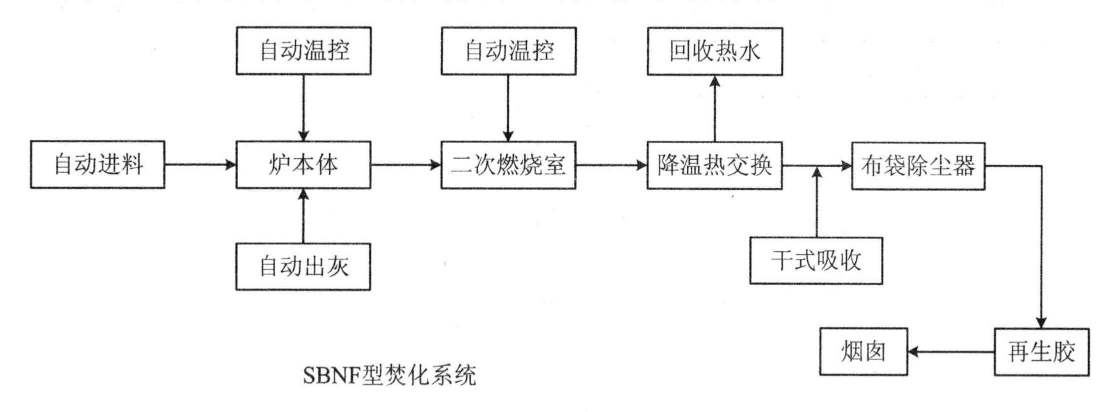

图5.6　SBNF型焚化系统工艺流程图

(3) 材料再生

所谓材料再生就是将失去利用价值的废弃物回收加工成有用的物质，实现资源循环利用。常见的废塑料再生工艺有造粒和热裂解两种。

再生造粒是一种通过造粒工艺将废旧塑料变为颗粒的回收方法。再生颗粒可用于成型加工，制得的产品性能与原产品的性能相差不多，具有很高的经济价值。相对于填埋处理和焚烧处理来说，再生造粒是真正意义上的资源再生循环利用。

塑料是以石油、天然气、煤等自然资源为原料合成的，为了保护环境，实现资源的再利用，把废旧塑料热解制成发热值较高的燃气和液体燃料是很有前景的废旧塑料再利用的处理方法。所谓热解，是将有机物在无氧或缺氧条件下加热，使之成为气态、液态或固态可燃物的化学分解过程。

5.2.2　废旧塑料再生典型工艺流程

1. 废旧塑料再生造粒工艺

废旧塑料再生造粒生产工艺主要由配混、熔融、塑化、挤出、冷却切粒、干燥、均化、装袋等组成。造粒流程如图5.7所示。

塑料分类的方法有很多，塑料根据其受热时性质不同分为两种，一种为热塑性塑料，另一种为热固性塑料。热塑性塑料是指在一定温度范围内，能够反复加热熔化、冷却固化的塑料，如聚乙烯、聚氯乙烯、聚丙烯等；热固性塑料是指固化后不熔融的塑料，如酚醛、环氧及不饱和聚酯塑料等。再生造粒是一种通过造粒工艺将废旧塑料变为颗粒的回收方法，但一般只针对于热塑性塑料，热固性塑料很难通过再生造粒的方式直接重新利用，但其可以通过无熔造粒的方法得到相应细度的粉体，供给焚烧或热裂解工艺中使用，无熔造粒工艺流程如图5.8所示。

无熔造粒工艺流程中不需要熔融，只需要通过压缩的办法，冷却后再次粉碎，直到达到合适的细度，可以为后期的其他工艺提供一定粒径的原料为止。

(原材料：PE、PP、ABS再生颗粒、硬脂酸、色母粒、抗氧剂、阻燃剂、玻璃纤维、滑石粉、增韧剂)

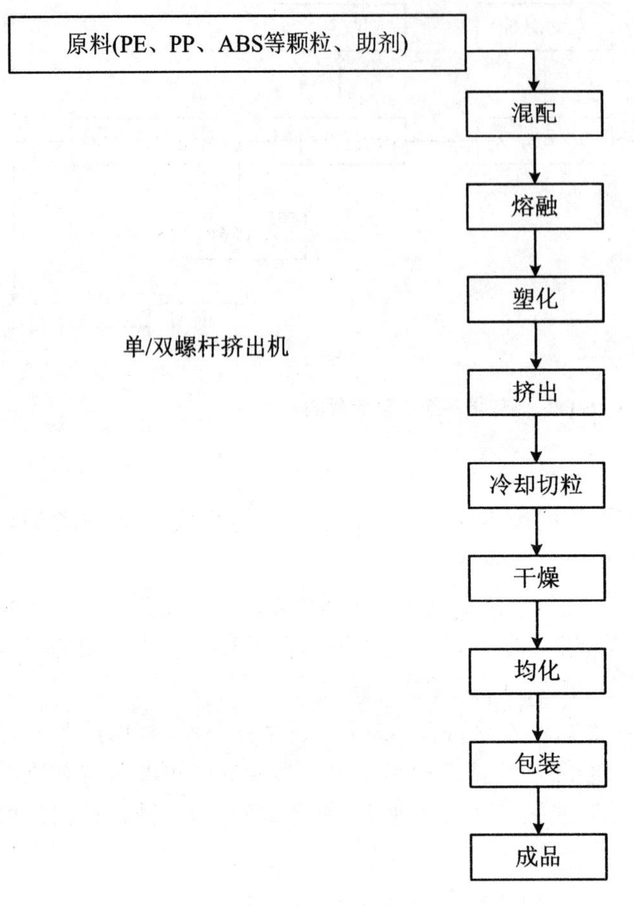

图 5.7 废旧塑料再生造粒工艺流程图

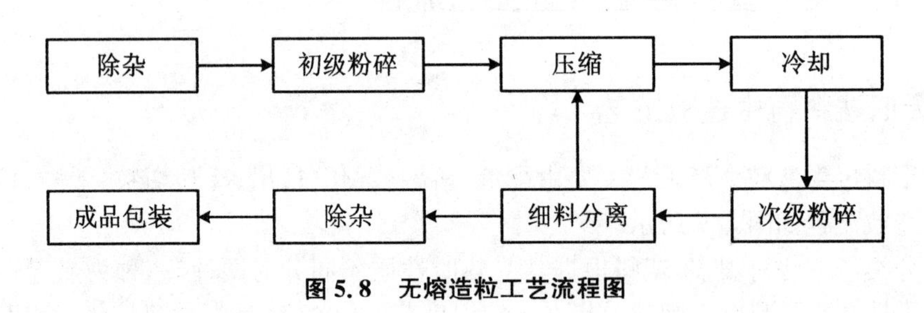

图 5.8 无熔造粒工艺流程图

2. 废旧塑料焚烧工艺

(1) 焚烧工艺流程选择

焚烧过程可以划分为干燥、热分解、燃烧三个阶段。焚烧过程实际上是干燥脱水、热化学分解、氧化还原反应的综合作用过程。焚烧效果受诸多因素的影响，如焚烧炉类型、物料性质、物料停留时间、焚烧温度、供氧量、物料的混合程度等。焚烧工艺流程如图 5.9 所示。

(2) 焚烧工艺流程计算

废旧塑料焚烧的主要工艺过程如图 5.9 所示，各种固体废物如家用、工业、商业、医用或非危险废料加入到焚烧炉中燃烧，通过控制燃烧过程，可使释放出的产物对环境的影响降至最低。焚烧炉可连续进行操作，燃烧温度>1 100 ℃，辅助的燃烧器帮助平衡因开动、关闭或其他方面操作引起的温度变化，使温度保持在不低于 1 000 ℃。一级和二级燃烧空气系统用于控制空气分布，能自动调节空气量，以适应废料特性、焚烧炉的加料速度、加料或燃烧方式等的变化。焚烧炉中燃烧气的滞留时间不小于 1 s，温度控制在 1 000 ℃以内。滞留时间可以根据大部分燃烧已经完成以及燃烧温度达到最高来推算。

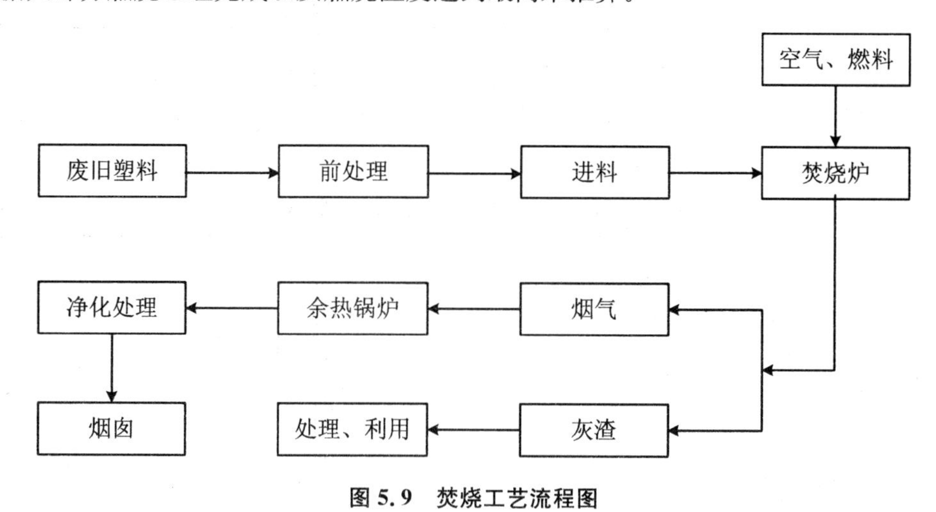

图 5.9　焚烧工艺流程图

3. 废旧塑料热解工艺

废旧塑料的热解工艺一般有两种，一种是将废塑料加热熔融，通过热解生成简单的碳氢化合物，然后在催化剂作用下生成可燃油品。另一种则将热解与催化热解分为两段。热解废旧塑料的工艺流程如图 5.10 所示。

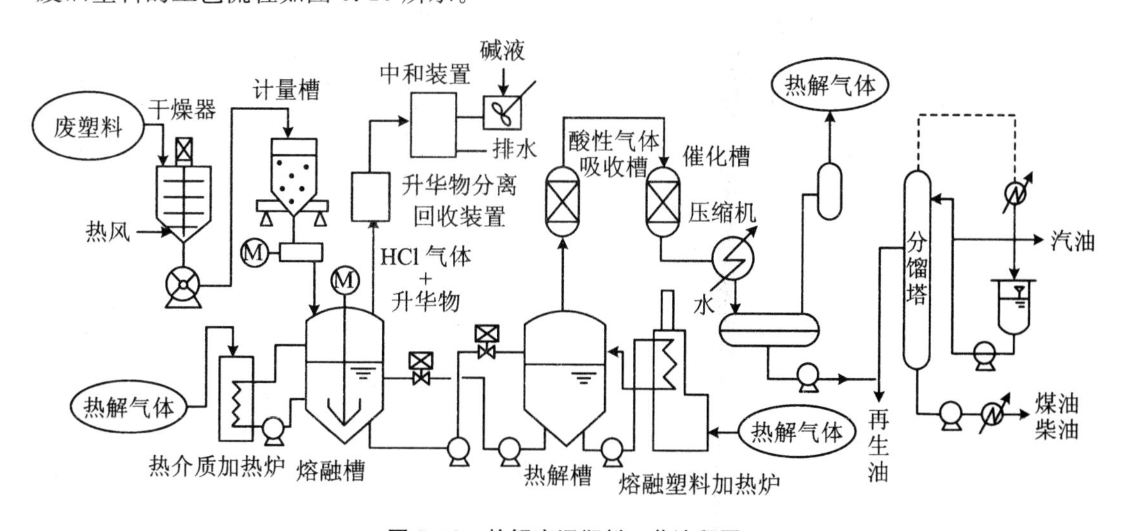

图 5.10　热解废旧塑料工艺流程图

将裂解油经过分馏可以得到汽油、柴油和重油。几种原料热裂解的物料平衡数据如表 5.1 所示。

表 5.1 几种原料热裂解的物料平衡数据

物料名称	方便袋(PE)	快餐盒(PS)	编织袋(PP)	泡膜(PS)	方便袋、编织袋、泡膜(1∶1∶1)
原料量/g	293	306	285	240	240
产品油质量/g	225	255	235	205	184
液体收率/%	76.8	83.8	82.5	85.8	76.8

由上表可以看出，几种原料的产油率差别不大。泡膜的产油率最高，为85.8%，方便袋、编织袋和泡膜的混合物料与方便袋产油率相同，均为76.8%。几种原料初馏点和终馏点与对应釜底的温度如表5.2所示。

表 5.2 初馏点和终馏点与对应釜底的温度 (单位:℃)

物料名称	方便袋(PE)	快餐盒(PS)	编织袋(PP)	泡膜(PS)	方便袋、编织袋、泡膜(1:1:1)
裂解产物开始馏出温度	70	120	72	110	88
对应釜底温度	310	330	220	340	320
裂解产物结束馏出温度	324	240	288	238	313
对应釜底温度	412	400	420	398	434

从表5.2可以看出，随着加热的不断进行，原料逐渐裂解，馏出温度也随之不断升高，但到达某一温度时，馏出温度逐渐下降，馏出速度降低。裂解温度不高，反应易于进行，能耗不大，所以能够带来较高的经济效益。

几种不同废旧塑料裂解产物的馏程数据如表5.3所示。

表 5.3 几种不同废旧塑料裂解产物的馏程数据 (单位:℃)

馏程	初馏点	10%	30%	50%	70%	90%	干点
PE裂解油	34	84	154	222	282	319	334
PS裂解油	120	134	140	149	198	314	320
PP裂解油	32	90	140	216	286	332	344
混合料裂解油	50	120	140	168	270	314	330

从表5.3可以看出，几种不同废旧塑料裂解产物(裂解油)与塑料品种和裂解温度相关。当温度大于140℃时，不同类废旧塑料的裂解产物能达到30%以上；当温度大于314℃时，各类废旧塑料的裂解产物能达到90%以上。

5.3　废旧高分子再生典型工艺流程及设备

5.3.1　废旧高分子材料粉碎设备

废旧高分子材料种类很多,处理时可以按其玻璃化转变温度来划分成室温下是玻璃态还是橡胶态的。一般来说,在室温下是玻璃态的高分子材料可以使用常温破碎的方法,而对于橡胶态的高分子材料,由于其在室温下具有很好的弹性,不容易被粉碎,此时一般采用低温破碎的方法。

1. 常温粉碎

橡胶粉的粒径是胶粉利用时的一项重要参数指标,传统常温粉碎法采用二次辊轧生产 0.3～1.4 mm(48～15 目)粒径的橡胶粉。常温连续粉碎法可以经粗、细粉碎两道工序生产上述同样粒径的胶粉,上述方法的缺点是胶粉粒径大,满足不了用户要求,产量低,成本高,生产质量不稳定,难以适应现代化工业生产的要求。所以对橡胶还是更适合采用低温破碎法工艺。常温破碎法主要的工艺如图 5.11 所示。

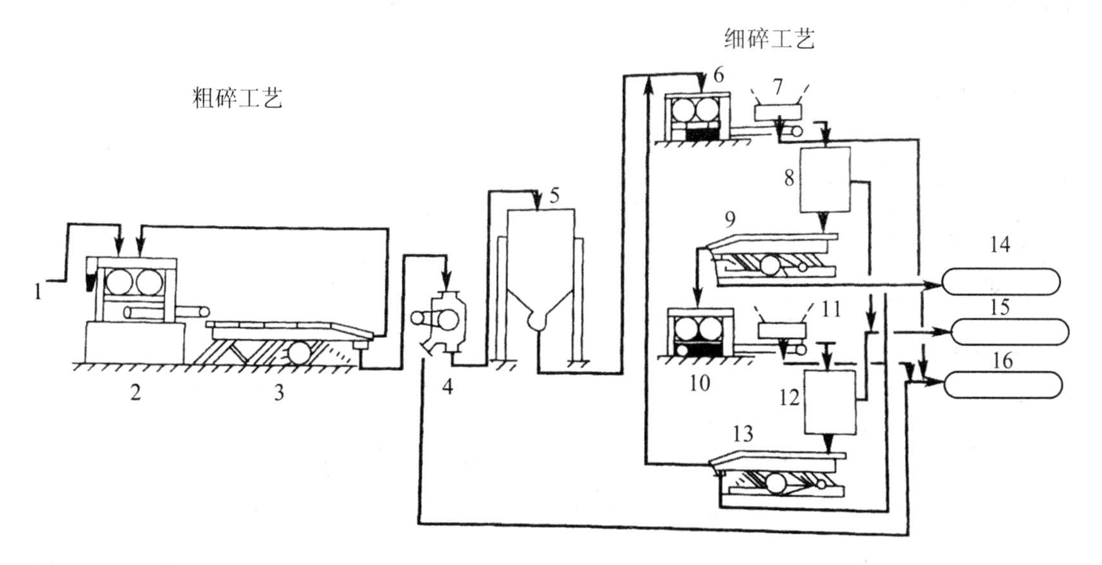

1—轮胎碎块; 2—粗碎机; 3, 9, 13—筛选机; 4, 7, 11—磁选机; 5—贮存器;
6, 10—细碎机; 8, 12—纤维分离机; 14—胶粉; 15—纤维; 16—金属

图 5.11　常温辊筒粉碎法的生产工艺流程图

在图 5.11 中的橡胶常温辊筒粉碎工艺中,采用粗碎与细碎两道工序,使用磁选机分离轮胎中的金属,纤维分离机分离轮胎中的帘线,得到适合要求的胶粉。此生产工艺也适用于塑料的破碎,尤其是热固型塑料。

连续的常温粉碎如图 5.12 所示,增加微碎机和分离设备,对细碎产品的再次加工,加强不同粒径橡胶的分离，达到连续生产的目的。

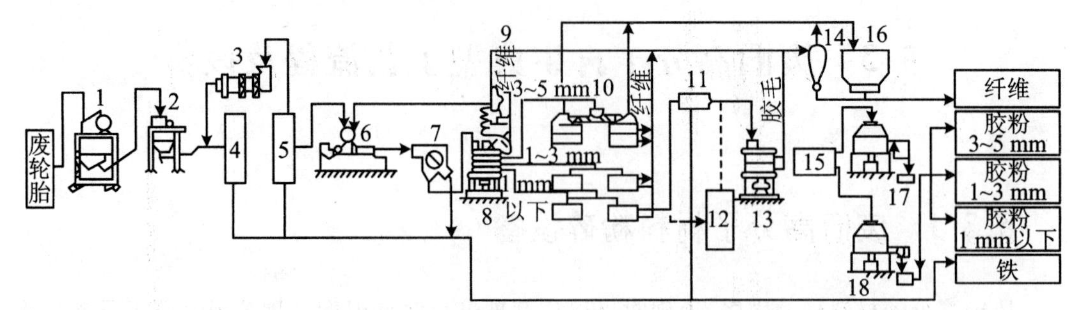

1，2—破碎机；3，6—细碎机；4，5—磁选机；7—磙鼓；8—振动分级筛；9—风选机；10—密度分选机；11—磁棒；12—微碎机；13—纤维分离机；14—旋风分离器；15—分级机；16—袋滤器；17—计量器；18—贮料斗

图 5.12 废旧轮胎连续粉碎生产工艺流程

废旧橡胶常温连续粉碎工艺中，可以把经粗碎、细碎的橡胶粒再次粉碎，得到更细的胶粉，通过对细胶粉进行更细的分级，以适应工业生产的要求，在工业上具有更好的实际意义。

2. 低温粉碎

低温粉碎是指将冷却到脆化点温度的物质在外力作用下破碎成粒径较小的颗粒或粉体的过程。低温粉碎技术在 1948 年已经实现工业化，主要在废橡胶、塑料、电子废弃物等物品的回收利用方面应用，并具备较为成熟的技术和工艺。低温粉碎工艺流程及装置如图 5.13。

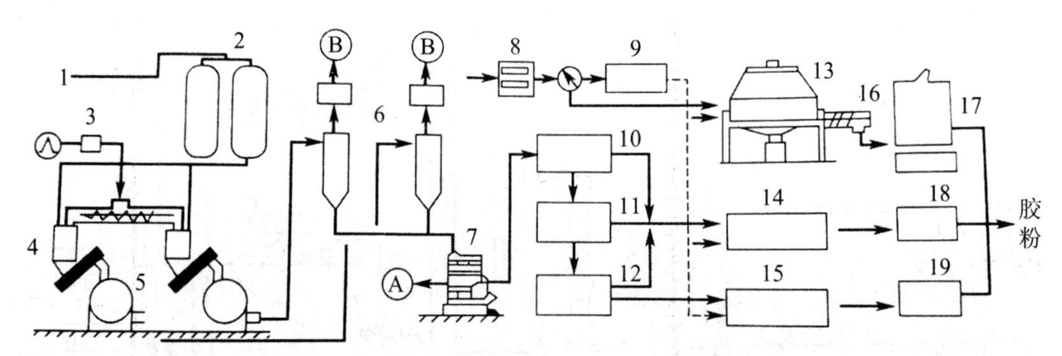

1—装载液氮的载重汽车；2—液氮贮存器；3，8—磁选机；4—通气装置；5—低温粉碎机；6—旋风分离器；7—振动筛；9—常温分级机；10~12—分极机；13~15—漏斗；16—螺旋输送器；17—装袋机；18，19—计量器

图 5.13 低温粉碎工艺流程及装置

在低温粉碎的工艺中，一般采用液氮作为冷冻介质，对橡胶进行冷冻，让其在破碎时处于玻璃态，更容易被粉碎成粒径更细的胶粉。在此工艺中只采用一种低温粉碎机，粉碎后再分级，得到不同粒径的胶粉。其关键设备液氮冷冻粉碎塑料和橡胶的装置如图 5.14 所示。

在此设备中，利用液氮把橡胶在粉碎的过程中冷冻到其玻璃化温度之下，再把粉碎的胶粉进行分级、出料。

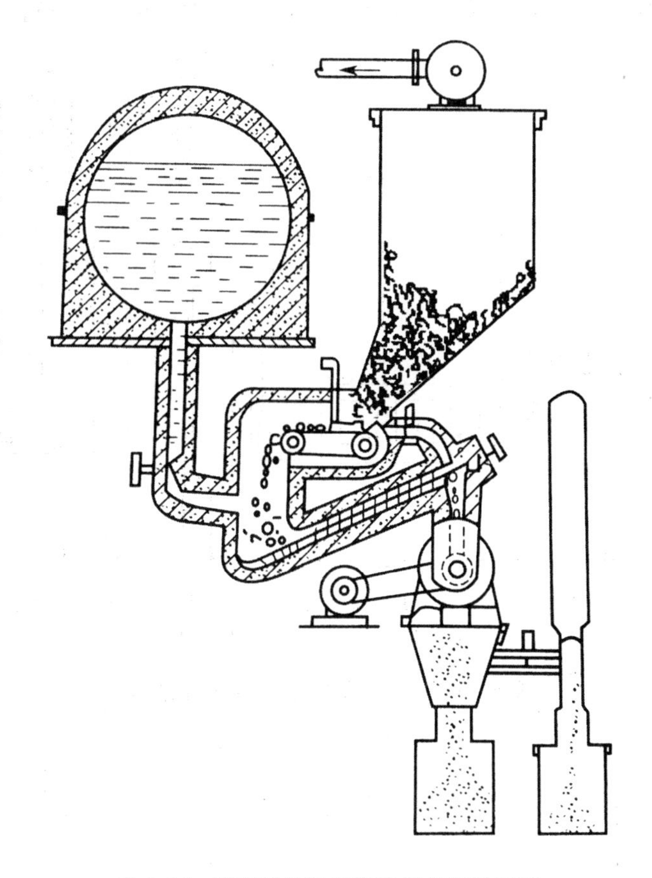

图 5.14　液氮冷冻粉碎塑料和橡胶的装置

3. 湿法粉碎

对于废旧的高分子材料粉碎的方法除了干法粉碎，还有湿法粉碎。把一定粒径的废旧高分子材料在溶液中浸泡，让其溶胀后，再通过研磨机，研磨成相应的粒径，此方法需要能让高分子材料溶胀的溶剂，相对于干法需要增加干燥的步骤，干燥后可以得到相应粒径的胶粉。

通过对溶胀后的高分子材料进行湿法的研磨可以得到较细的胶粉，但在粉碎过程中需要设备对溶剂有较好的抗性，同时采用旋风分离的方法，较粗的胶粉还需要重新研磨，而干燥则需要消耗能量。其与干法相比，具有设备简单的优点，能够得到目标粒径的产物，达不到目标的可以再次溶胀研磨。其工艺流程如图 5.15 所示。

在湿法研磨的工艺中可以得到微米级的胶粉，能更好地适应工业生产中的要求。其关键设备是湿法研磨的圆盘式胶体研磨机，其结构如图 5.16 所示。

图 5.16 中 A 为上部定子，B 为下部转子，C 为固定 A 的顶端钢板，通过调节螺钉 D 来调节进料口 E 的大小，F 为料斗，由这个料斗供给研磨机的碎料，经过安全筛网 G 而进入研磨机的投料孔道。H 是旋转器，应用 H 产生的离心力，橡胶碎块被送入两个磨盘之间的磨腔内，进行研磨、粉碎。

除了上述的粉碎设备，对于废旧高分子材料还有其他的特殊的粉碎方法，如固相剪切粉碎、超微细粉碎法、臭氧粉碎法、高压爆破粉碎法、高温超速粉碎法、高压水枪射击粉碎法、挤出粉碎法等,每种粉碎的方法都具有各自的特点,需要根据对胶粉的要求进行工艺的选择。

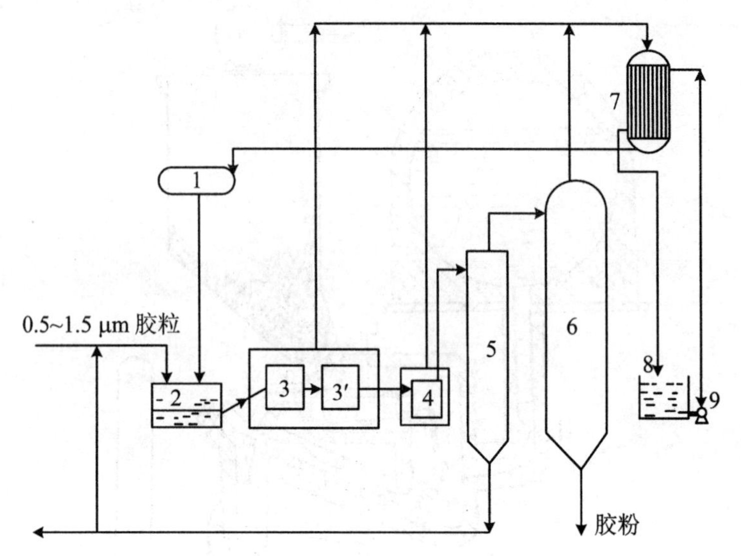

1—贮槽;2—溶胀槽;3,3′—研磨机;4—干燥机;5—旋风分离器;6—贮料斗;7—冷凝器;8—水槽;9—水泵

图 5.15 湿法或溶液法生产胶粉示意图

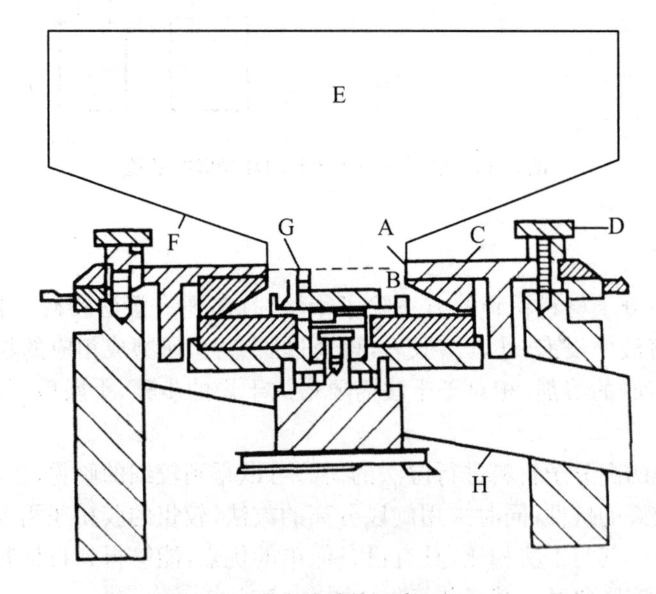

图 5.16 圆盘式胶体研磨机剖面图

5.3.2 废旧高分子材料分选设备

1. 手工分选法

手工分选虽然比机械分选的效率低,但有些分选效果是机械难以替代的,如深色制品与浅色制品的分选。手工分选法的特点是:① 较容易将热塑性废旧制品与热固性制品分开;

② 轻易将非高分子材料制品(如纸张、金属、绳索、木制品、石块等杂物)挑出;③ 可分开较易识别的树脂品种不同的同类制品,如 PS 泡沫塑料制品与 PU 泡沫塑料制品、PVC 膜与 PE 膜、PVC 硬质制品与 PP 制品、PVC 鞋底与 PE 改性鞋底等。

手工分选需要耗费大量的人力,也是最简单的一种方法,是否选择此方法,需要根据实际情况确定。

2. 磁选分类

在手工分选中,清除细碎的金属杂物(主要是钢铁碎屑)是困难的,而使用磁铁清除金属碎屑很有效。为了保证清除金属杂物的彻底性,除了在破碎前用磁铁检查废旧高分子制品外,破碎后仍需要用磁铁复拣一遍,以便把包藏在内部的金属碎屑拣出来。

图 5.17 是 SLON-1500 型立环脉动高梯度磁选机的结构示意图,可以方便地把废旧高分子颗粒中的磁性产物分离出来。

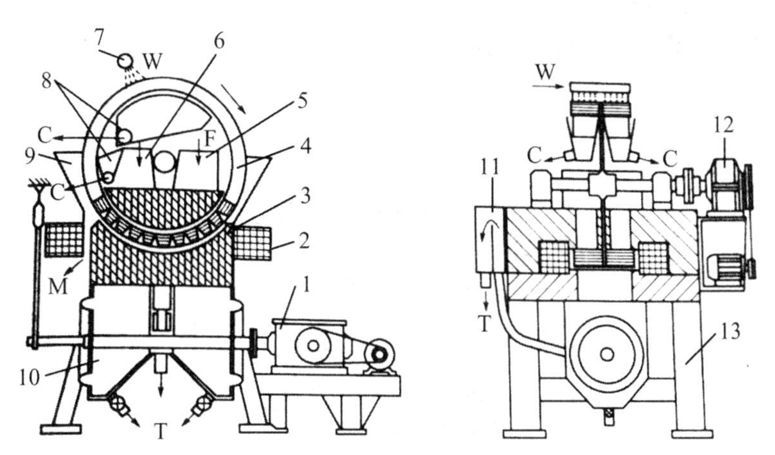

1—脉动结构;2—激磁线圈;3—铁轭;4—转环;5—给料斗;6—漂洗水;7—磁性产物冲洗水管;8—磁性产物斗;9—中间产物斗;10—非磁性产物斗;11—液面斗;12—转环驱动机构;13—机架;F—给料;W—清水;C—磁性材料;M—中间产物;T—非磁性产物

图 5.17　SLON-1500 型立环脉动高梯度磁选机的结构

3. 风力分选

该分选方法依据的是高分子材料的相对密度不同,随风漂移的距离不同(碎块的体积相近)。此方法不仅能分开相对密度差异大的塑料,而且也能将相对密度较大的碎石块、泥土、沙粒分离出去。其操作步骤是:首先将废旧高分子制品破碎,然后将破碎的碎料送进分选装置的料斗中,开动风机,使碎片(块)喷散出去,由于它们落下的距离不同而实现分离。此方法的不足是,由于制品的规格不同(如管材和板材、不同壁厚的管材因素)使粉碎后的碎块体积或粒度粗细不同,或者因为塑料制品中填料的含量不同而引起碎块密度改变等因素,可产生较大的误差。但此法对于分离石块、沙粒等效果良好。

4. 静电分选

静电分选法的基本原理是利用静电吸引力之差进行分选。静电分选法可用于区分 PVC 和金属(如铜、铝箔等),也可以使 PVC 从 PE、PS、纸和橡胶中分选出来,得到单一化的

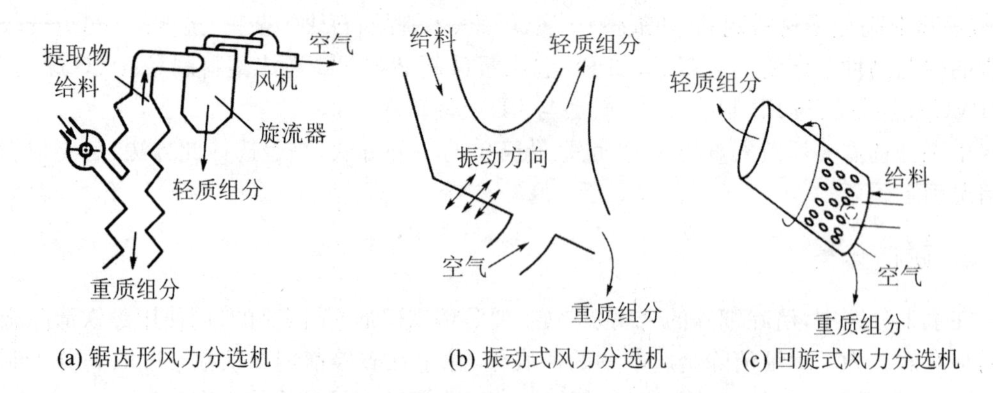

(a) 锯齿形风力分选机　(b) 振动式风力分选机　(c) 回旋式风力分选机

图 5.18　锯齿形、振动式和回转式风力分选机

PVC 回收物。一般被分离物需要干燥，且应被破碎成小块(一般应为直径小于 1 cm 的碎块)，然后通过高压电极进行分选。

图 5.19 是一种 YD-2 型电选机，其工作原理是把对静电有不同表现的聚合物或金属材料分离出来。

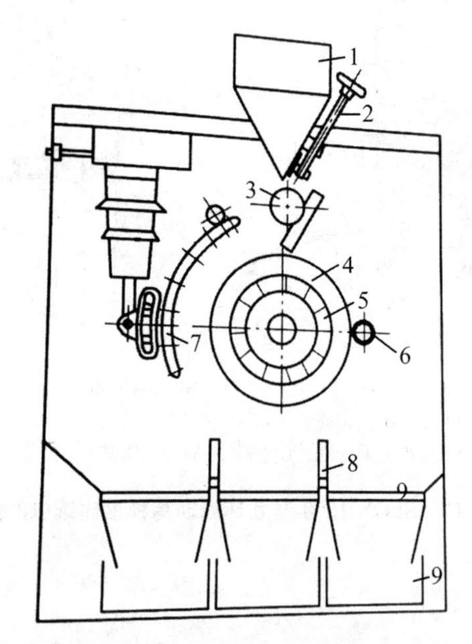

1—给料斗；2—给料闸门调节器；3—给料辊；4—接地圆筒电极；5—加热装置；
6—毛刷；7—电晕电极与偏转电极；8—产品分隔棉线；9—接料槽

图 5.19　YD-2 型电选机

5. 密度分选

根据高分子制品的密度不同，还可以通过选取水做介质进行沉降分类，叶轮式机械搅拌浮选机如图 5.20 所示。用水做沉降介质的优点是方便、廉价，可使清洗与分离同步进行。沉降法分离是较早的混合塑料分离方法，主要可以分离聚烯烃和非聚烯烃基制品。如 PE、PP、PS 的非含钙塑料制品，其密度小于水而上浮；PVC、ABS、Nylon、PC、PBT、PET 等制品密度大于水而沉降。

在此方法中，还可以使用一些有选择性的高分子类的表面活性剂，可以达到更好的分离的目的。

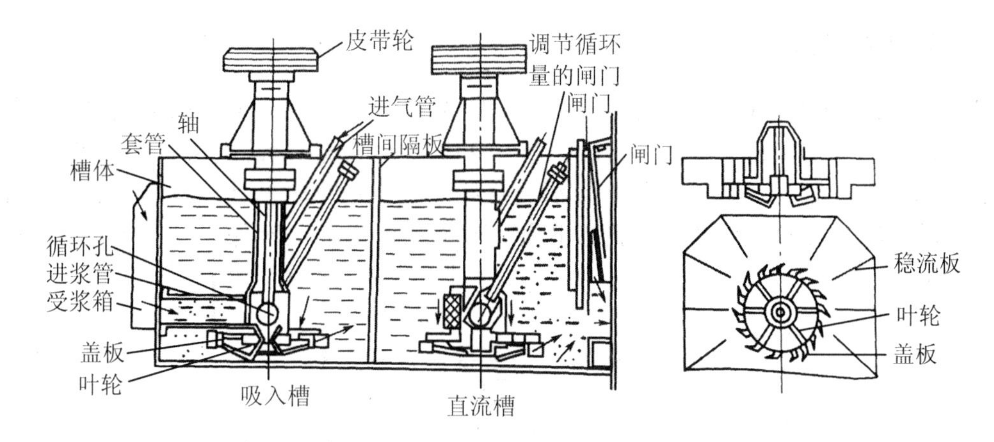

图 5.20　叶轮式机械搅拌浮选机

5.3.3　废旧高分子材料能源化设备

废旧高分子材料能源化设备目前主要有三种：机械炉排焚烧炉、回转窑焚烧炉和流化床焚烧炉。

1. 机械炉排焚烧炉

机械炉排焚烧炉设备结构示意图如图 5.21 所示。

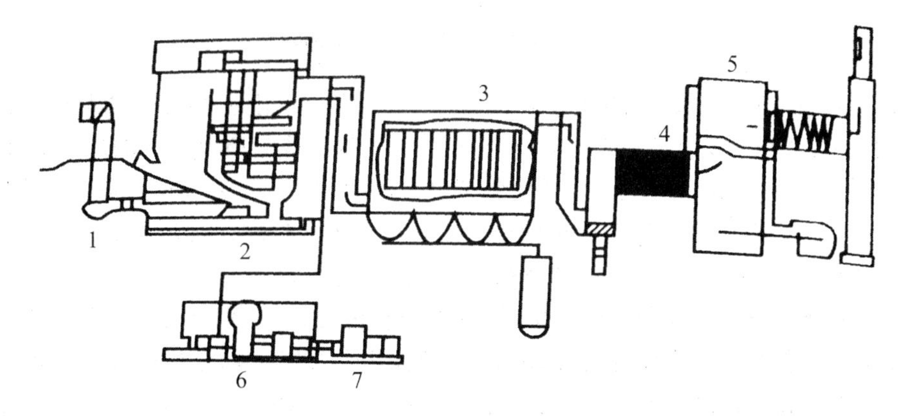

1—风机；2—送灰装置；3—纺织物过滤器；4—烟气热交换器；
5—烟气净化装置；6—蒸汽透平；7—发电机

图 5.21　机械炉排焚烧炉结构示意图

这种焚烧设备可根据时刻变化着的投入炉内的废旧高分子制品的性质，在确保额定的焚烧量的情况下，以余热锅炉的出口蒸发量为目标，通过控制、调节炉排速度和燃烧用风量，最终达到最佳的燃烧工艺条件，将燃烧室温度和热灼减率控制在要求范围内，同时保证环保要求和废旧高分子制品焚烧运行的稳定性、经济性。

自动燃烧控制系统与运行人员的经验和感觉相结合，可在确保运行的协调性、提高运行管理水平和设备检修效率、降低运营成本下，保证稳定的焚烧量、蒸发量、炉渣的热灼减率、排气标准等，因此被广为采用。

2. 回转窑焚烧炉

回转窑焚烧炉是指在钢板制的圆筒状本体内部设置了耐火材料衬炉的焚烧炉。比水平略微倾斜地设置，可实现一边进行缓慢的旋转，一边使从上部供给的废物向下部转移，从前部或后部供给空气使之燃烧。通常，在回转窑后部设置二次燃烧室，使前段热解不完全的有毒有害气体得以在较高温度的氧化状态下完全燃烧，具有较好的环保性。其结构示意图如图5.22 所示。

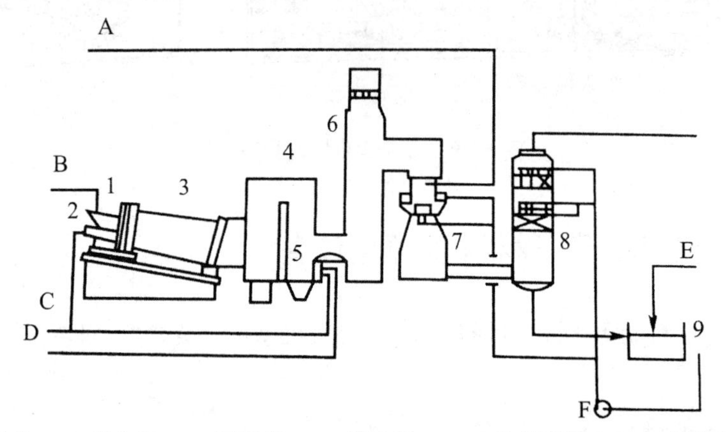

1—给料斗；2—燃烧器；3—回转窑；4—缓冲室；5—二次燃烧器；6—二次燃烧室；7—烟气净化系统与灰分离器；8—净化塔；9—灰渣沉淀系统　A—净化溶液；B—废轮胎料；C—燃烧器用油；D—燃烧器给风；E—水；F—净化循环水

图 5.22　回转窑焚烧炉结构示意图

回转窑具有停留时间长、隔热好等优点，并且因为回转作用使废物料层得到充分翻动。回转窑焚烧炉对焚烧物变化适应性强，这使得回转窑焚烧炉成为所有废物的理想焚烧系统。回转窑焚烧炉除了适用废油等高热值的废物焚烧外，也可和污泥、废液和固态废物等进行混合焚烧，常常作为工业固体废物焚烧炉使用。尤其是对于含玻璃或硅较高的废物更是表现突出，因为这些废物会对其他形式的焚烧系统产生严重的影响。

回转窑焚烧炉分为顺流炉和逆流炉、熔融炉和非熔融炉、带耐火材料炉和不带耐火材料炉。顺流炉即燃烧气流和废弃物流动方向一致，其炉头废弃物进口处烟气温度与废弃物温度有较大的温差，可使废弃物水分快速蒸发掉；逆流炉即燃烧气流和废弃物流动方向相反。熔融炉是指在较高温度（1 200～1 300 ℃）下操作的焚烧炉，它可以同时处理一般有机物、无机物和高分子化合物等废弃物；炉内温度在 1 100 ℃以下的正常燃烧温度时为非熔融炉。

回转窑焚烧炉系统主要有给料装置、一燃室、二燃室、余热锅炉、喷雾洗涤塔、灰渣沉淀系统等。

3. 流化床焚烧炉

流化床焚烧炉主要依靠炉膛内高温流化床料的高热容量、强烈掺混和传热的作用，使送入炉膛的垃圾快速升温着火，形成整个床层内的均匀燃烧。自20世纪60年代以来，这种技术已经成功地被用于劣质燃料及各类废弃物的燃烧处置和热能利用中。但早期发展的流化床燃烧炉属于“鼓泡流化床”燃烧模式，也有多种炉型（包括一些据称有内循环功能的焚烧炉），采用的流化风速较低，主要的燃烧过程发生在下部流化床层内，上部稀相空间的燃烧份额很小。因此沿炉膛高度温度下降很快，限制了燃料挥发分气体的燃尽和对污染物的控制。其结构示意图如图5.23所示。

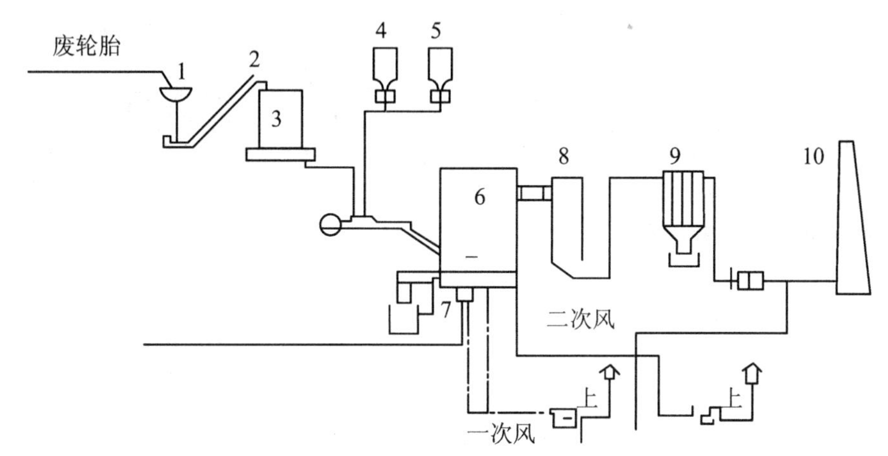

1—轮胎研磨器；2—输送装置；3—轮胎储存箱；4—砂储存装置；5—石灰石储存装置；6—流化床炉；7—点火装置；8—对流区；9—纤维过滤器；10—烟囱

图5.23　流化床焚烧炉结构示意图

循环流化床燃烧是近30年才发展起来的一个新技术分支。它继承了一般流化床燃烧所固有的对燃料适应性强的优点，同时提高了流化速度、增加了物料循环回路。大量的物料被烟气带到炉膛上部燃烧，经过内、外循环的多个途径再返回炉膛下部，提高了炉膛上部的燃烧放热份额，增强了炉膛上下部之间的物料交换，使整个炉膛处于均匀的高温燃烧状态，确保烟气在高温区的有效停留时间。能保证垃圾各组分的充分燃尽，使有毒有害物质的分解破坏更为彻底，也防止了局部超温的出现，对常量污染物（SO_2、NO_x等）的控制也更为有效。

总的来说，机械炉排焚烧炉、回转窑焚烧炉和流化床焚烧炉具有各自的特点，其在工业中的造型要依据处理量、处理要求等条件进行综合考虑，一般来说，对于采用焚烧回收能量的设备，其能量回收效率、设备稳定性、飞灰量等均是选择的主要依据。如流化床焚烧炉与机械炉排炉相比，发展历史不长，系统配套特别是与原生废旧高分子材料不做分选处理的给料、排渣设备还需经长期考验、不断完善；同时流化床焚烧炉飞灰比例较高，灰量较大。按照我国有关法规，焚烧炉飞灰需按危险废弃物做专门处置，处置成本较高。需要从减少飞灰量和降低飞灰毒性两方面入手，探求解决方案。

无论采用何种设备，都需配套相应的系统，其主要包括的设备与工艺流程如图5.24所示。

对于固废的焚烧系统，通常包括了图5.24中所列的设备，主要包括废料供应系统、焚烧系统、能量回收系统和焚烧后气体与残留物处理系统。

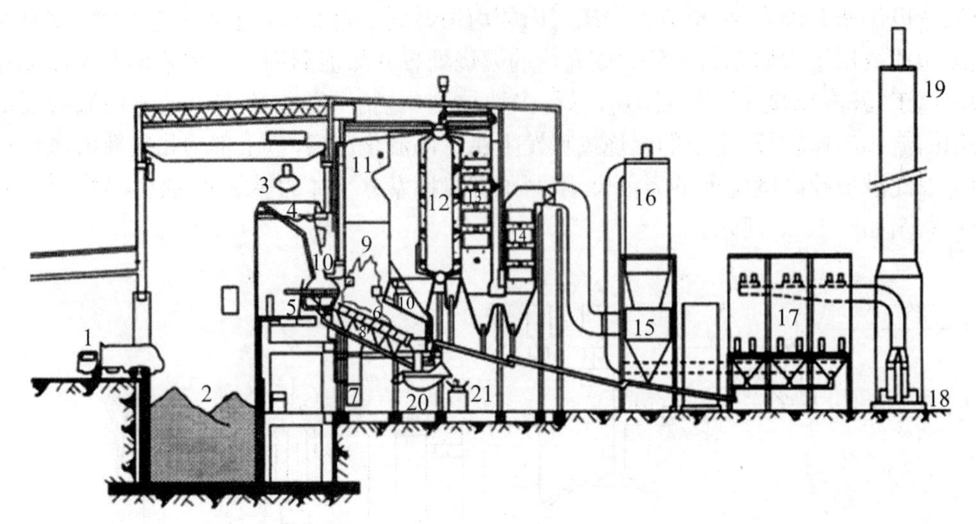

1—废物收集车；2—废料贮存坑；3—废料操纵吊车；4—加料斗；5—喂料器；6—反向作用烧火炉栅；
7—气流风扇；8—栅下空气区；9—燃烧炉；10—次级空气喷嘴；11—锅炉；12—蒸发器；
13—过加热器；14—废气预热器；15—旋风分离器；16—净（涤）气器；17—织物过滤包；
18—诱导气流风扇；19—烟囱；20—残留物排出装置；21—残留物输送机

图 5.24　固体废物焚烧和能量回收系统

5.3.4　废旧高分子材料热解设备

废旧高分子材料热解是一种复杂的化学反应过程，其包括大分子的链断裂、异构化的小分子聚合等，最后可以得到气态、液态的化学品、炭黑和炉渣等。其主要是依靠外部加热和内部加热的方法，其热解过程中受到温度、产品的成分、停留时间等的影响，其产品的回收包括了气态、液态和固态产物。其主要工艺流程如图 5.25 所示。

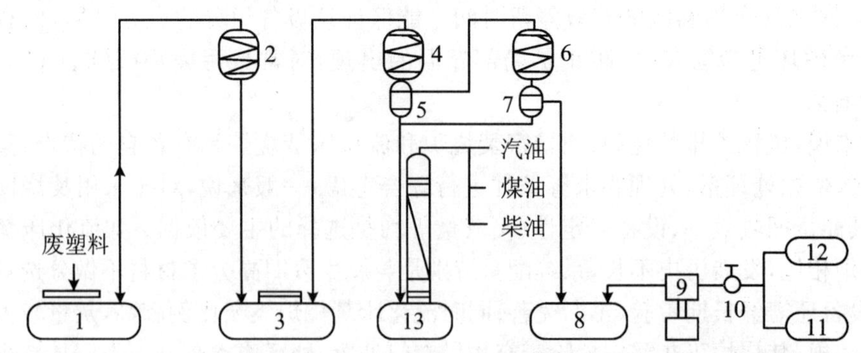

1—熔蒸釜；2，4，6—蛇管式水冷器；3—裂解釜；5，7—汽液分离器；
8—缓冲釜；9—烃类压缩机；10—节流阀；11—液化气贮罐；12—不凝气贮罐；13—分馏塔

图 5.25　热处理废旧轮胎的工艺流程图

其具体的热解炉又可以分为：移动床热解工艺、流动床热解工艺、烧蚀床热解工艺、回转窑热解工艺、固定床热解工艺等。

1. 移动床热解工艺

移动床热解装置如图5.26所示。

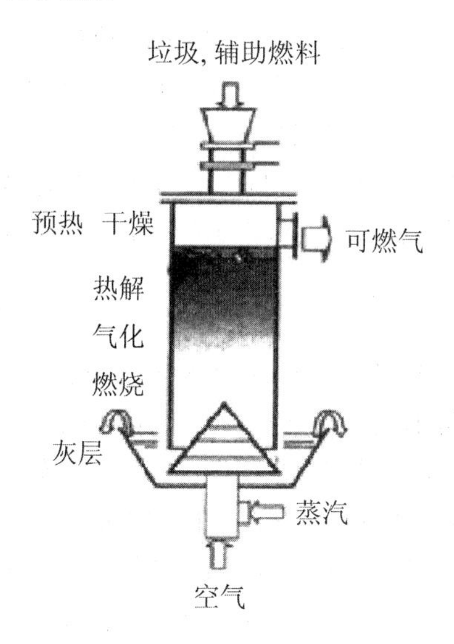

图5.26 移动床热解装置

经适当破碎除去重组分的城市垃圾从炉顶的气锁加料斗进入热解炉,由于垃圾的热值低,为了在反应器内能提供足够的热解和气化所需要的热量,需在垃圾内混入适当的辅助燃料(煤炭)。物料缓慢向下移动,与上升的热气体相遇,经过预热、干燥、热解,而逐渐生成半焦,半焦与上升的烟气和水蒸气反应后进入燃烧层,在燃烧层中将剩余的碳基本燃尽,所剩余的灰经过灰层用灰盘,通过水封被送出器外。由反应器底部进入的空气和水蒸气经过灰层预热后,逐渐上升,除提供燃烧层所需要的氧气外,与燃烧层的烟气一起也作为气化层的汽化剂。汽化后的热气体继续上升,为物料的热解提供了热源。最终混合的燃气将物料预热并干燥后从出口逸出反应器进入净化系统。

单器热解工艺的特点是,热解、气化和燃烧过程在一个反应器内进行,气化效率和热效率低。由于热解产生的可燃气体中混有大量氮气,其热值不高(如表5.4)。垃圾中加入辅助燃料的多少依赖于垃圾的处理量和成分。可燃气体的成分和热值也随垃圾成分有较大的变化。

表5.4 移动床热解工艺可燃气体成分 (体积分数,%)

N_2	H_2	CO	CO_2	CH_4	C_nH_m	热值(kJ/m³)
43.0	21.0	21.0	12.0	1.8	1.2	6 500

表5.4中是利用移动床热解工艺生成的典型可燃气的成分,其依赖于原料的成分,但主要集中在C、N、O等元素及其相应的产物上。

2. 流动床热解工艺

热解所需的热量由热解生成的固体炭或燃料气在燃烧塔内燃烧来供给。惰性的热媒体(砂)在燃烧炉内吸收热量并被流化气鼓动成流化态,经连络管到热分解塔与垃圾相遇,供给热分解所需的热量,经连络管返回燃烧炉内,再被加热返回热解炉。受热的垃圾在热分解炉内分解,生成的气体一部分作为热分解炉的流动化气体循环使用,一部分为产品。而生成的炭及油品在燃烧炉内作为燃料使用,加热热媒体,在两个塔中使用特殊的气体分散板,伴有旋回作用,形成浅层流动层。垃圾中的无机物、残渣随流化的热媒体砂的旋回作用从两塔的下部边与流化的砂分级,边有效的选择排出。双塔的优点是燃烧的废气不进入产品气体中,因此可得高热值燃料气;在燃烧炉内热媒体向上流动,可防止热媒体结块;因炭燃烧需要的空气量少,向外排出废气少;在流化床内温度均一,可以避免局部过热;由于燃烧温度低,产生的 NO_x 少,特别适合处理热塑性塑料含量高的垃圾的热解,可以防止结块。

3. 烧蚀床热解工艺

烧蚀床热解工艺是将反应物料与灼热的金属表面直接接触换热,使物料迅速升温并裂解。加拿大 Ener Vision 公司的连续烧蚀床工艺具有代表性。Black J W 等利用连续烧蚀床工艺中的试验装置,在氮气气氛、热解温度为 450~550 ℃、停留时间为 0.6~0.88 s 的条件下对粒径约为 1 cm 的废轮胎物料进行热解研究,并对热解炭进行活化处理,探讨了热解炭及以其为原料制得的活性炭的吸附性和炭黑的应用性能。结果表明在 450 ℃时,热解油、热解炭和热解气的产率分别为 53%、39%和 8%;较高的热解油产率表明连续烧蚀床热解工艺热解产物的停留时间较短,二次反应程度较低。

4. 回转窑热解工艺

废旧高分子制品经锤式破碎机破碎至 10 cm 以下,放在贮槽内,用油压活塞送料机自动连续地向回转窑送料,垃圾与燃烧气体对流而被加热分解产生气体。空气用量为理论用量的 40%,使垃圾部分燃烧,调节气体的温度在 730~760 ℃之间,为了防止残渣熔融,需保持在1 090 ℃以下,焚烧残渣由水封熄火槽急冷。热解产生的气体在后燃室完全燃烧,进入废热锅炉可产生的蒸汽用于发电。此分解流程由于前处理简单,对废旧高分子制品组成适应性大,装置构造简单,操作可靠性高。

回转窑炉利用衬以耐火材料的卧式可旋转圆筒对垃圾进行翻搅、预热,其适应性广,运行稳定可靠,通过设置二燃室可保证废物完全燃烧。因此,虽然回转窑焚烧存在密封性差、高过量空气系数等不足之处,但在国际危险废物(含医疗废物)焚烧领域应用最广。

与流化床、移动床和固定床热解工艺相比,回转窑热解工艺具有对废物料形态、形状和尺寸的适应性广的特点,几乎适用于任何固体废物料,对废轮胎给料尺寸几乎无要求,属于慢速热解工艺。

5. 固定床热解工艺

目前,国外废轮胎的固定床热解装置主要包括:日本 JCA 公司的热解釜装置,产物为燃料油和燃料气;日本油脂公司采用美国 ND 热解炉(外热式)装置,热解原料为粒径 10 cm、不去钢丝的废轮胎颗粒,产物为油和炭黑;美国 ECO 公司的管式炉热解装置,热解原料为粒径 2.54 cm 的废轮胎颗粒,产物为炭黑和油;德国 VEBAOEL 技术中心的热解炉加气化炉热解装置,热解原料粒径小于 200 mm,产物为燃料油和焦炭;英国 Leeds 大学 Williams P T 等开发了吨级批量废轮胎热解系统。固定床热解系统为批量给料,不能长期连续运行,而且热解条件不易长期保持,整胎热解导致金属丝在床内缠绕等问题也亟待解决。

6. 其他热解工艺

废轮胎在无催化效应的高温盐熔液中进行热解属于熔浴热解工艺，如 NIS 公司采用熔浴釜装置，主要产物为化工产品。微波热解工艺主要回收固相和液相产物，如日本大阪工业技术试验所和美国固特异公司的微波炉热解装置。过热蒸汽气提热解是一种小型热解装置工艺技术，主要回收液体产物，热解过程中加入水蒸气越多，产物的品质越差。此外，还有利用云母等作为催化剂进行催化裂解的工艺，催化裂解虽然可以降低热解温度，促进热解进行，但催化剂的加入使热解产物的品质受到影响。上述热解工艺都不能长期连续运行。

总的来说，对于高分子材料的资源化利用工艺是需要根据实际情况进行设计，工艺路线选择与设备的选型应依据因地制宜的原则。同时，对不同类的高分子类废弃物的资源化利用的工艺中，其工艺流程中所选用的设备具有一定的相似性，如对高分子材料的粉碎、分选、能源化及热解等方面的设备可以根据实际需要做相应的改进。

第 6 章　城市生活垃圾焚烧处理工程设计

6.1　城市生活垃圾现状

城市生活垃圾是指城市日常生活中或为城市生活提供服务的活动中产生的固体废物，以及法律、行政法规规定视为城市生活垃圾的固体废物。随着社会的进步，城市化发展越来越快，城市生活垃圾产生量日益增多。我国城市垃圾问题日趋突出，全国约有 2/3 的城市被垃圾包围，近 1/4 的城市已经没有垃圾填埋堆放场地。急剧增长的城市垃圾对环境造成了严重的危害：

(1) 污染大气：垃圾堆放区附近会产生大量异味气体，影响周围居民的生活。还会造成老鼠大量繁殖、蚊蝇滋生，产生大量含氨硫化物的污染物向大气排放，仅有机挥发性气体就达 100 多种，其中包含多种致癌物质。

(2) 污染水体：垃圾在堆积降解过程中会产生大量酸性和碱性污染物，同时垃圾中重金属、有机物等会溶解到水中，形成包括病原微生物、重金属和有机物的污染源，并通过降水或垃圾自身产生的水分形成渗滤液流入周围的地表水，并渗入土壤对地下水造成严重的污染。

(3) 侵占土地：目前我国城市生活垃圾处理方式是简单填埋处理，全国垃圾总计占地达 5.4 亿 m^2，而填埋垃圾使用的土地无法继续利用，不利于持久发展。

(4) 垃圾事件不断发生：随着城市垃圾有机物质含量的增加和集中堆放的发展，采用简单覆盖容易造成产生甲烷气体的厌氧环境。同时垃圾产生沼气的危害逐日突出，近年来垃圾堆放场的爆炸事故频繁发生，已造成巨大损失。

当前，国内外处理垃圾的方式分为三类：堆肥、填埋和焚烧。

堆肥是利用微生物降解有机物，使其向稳定腐殖质转化的微生物反应过程。堆肥处理实现了垃圾的资源化及部分减量化，促进垃圾的良性循环，满足生态化处理的要求。但由于生活垃圾中成分复杂，可能含有抑制微生物活性或使微生物失活的物质，使堆肥处理不能大规模运用。

填埋全称为卫生土地填埋，是土地填埋处理的一种，是按照土木标准和工程理论，为了保护环境对生活垃圾进行有效管理的一种科学工程方法。在垃圾填埋的处理过程中依靠各种技术、工程和操作工艺手段，防止堆积垃圾对地下水、大气等环境因素造成影响。但垃圾填埋具有占地面积大、远距离运输垃圾等缺点，而且随着环境保护标准的日益严格，对填埋场的设计和施工标准越来越高，使其投资费用也相应提高。

焚烧是一种将城市垃圾通过高温热化学处理的技术，将垃圾作为固体燃料加入焚烧炉内燃烧，在 800～1 000 ℃的温度条件下使垃圾组分中的可燃物与空气中的氧进行剧烈的化学反应，最终释放出热量并转化为燃烧气和少量性质稳定的固体残渣。焚烧方法与另两种处理方法相比，具有以下优点：

(1) 实现垃圾减量化：固体垃圾经焚烧处理后，一般体积可减少 80%～90%，重量减少也能达到 70%以上。

(2) 实现垃圾资源化：垃圾在焚烧过程中会产生温度较高的烟气，其携带的热能可以用来余热发电或供热。

(3) 处理彻底：生活垃圾中的细菌、病菌等病原体在焚烧炉中经高温处理后可被彻底消灭，燃烧后产生的有害气体和飞灰烟尘等经处理后能达到环境保护标准的要求，无害化程度高，尤其对部分垃圾中包含的可燃性致癌物、病原性污染物、剧毒性有机物等基本上是唯一有效的处理方法。

(4) 对环境影响小：垃圾焚烧厂占地面积小，选址灵活，不受天气影响，且可以靠近市区建厂，既可以节约用地又能有效缩短垃圾的运输距离，对于经济发达的城市尤为重要。

实际使用中，三种方式各有优势、相互补充。在我国由于受经济条件的限制，目前仍采用单纯的填埋、堆肥或焚烧的处理方式。

6.2　典型城市生活垃圾焚烧工艺流程

生活垃圾由垃圾车定期运入焚烧厂，经设在厂区内的地磅进行计量后，自动卸入垃圾堆库。入库垃圾经过发酵预处理后，垃圾经桥式抓斗起重机转卸到炉前垃圾料斗，经垃圾给料机连续均匀送入焚烧炉内。同时，粒度合格的辅助燃料煤经计量后由输煤皮带送入炉前钢制大煤斗，通过炉前皮带称重式给煤机计量后送入炉膛内燃烧。炉膛整体由膜式水冷壁组成，在下部布置有水冷布风板及风帽。燃烧空气分为一、二次风，预热后的一次风经风帽小孔进入密相区使燃料开始燃烧，并将物料吹离布风板。二次风由床层上方的二次风口分层送入炉膛。烟气经悬浮段碰撞炉顶防磨层，部分粗物料返回密相区，烟气只携带细物料离开炉膛并进入高温旋风筒分离器。进入高温旋风筒分离器的烟气经旋风筒分离后，细物料通过返料器返回炉膛后循环燃烧。分离后含少量飞灰的干净烟气通过上排气口流经过热器及尾部受热面后排出锅炉本体。锅炉混烧的垃圾和煤渣经燃烧后产生的炉渣从布置的排渣口放出，直接落至冷渣器，经冷却后运至渣库外运用于制砖。锅炉产生的高温烟气经受热面热交换产生过热蒸汽，最后接入蒸汽母管用于发电。烟气经余热锅炉进入烟气净化主系统，烟气净化主系统由反应塔、袋式除尘器、引风机和烟道管组成。净化后的烟气中烟尘和有害成分降低到符合环境允许的排放浓度后，通过烟囱排入大气。典型城市生活垃圾焚烧工艺流程如图 6.1 所示。

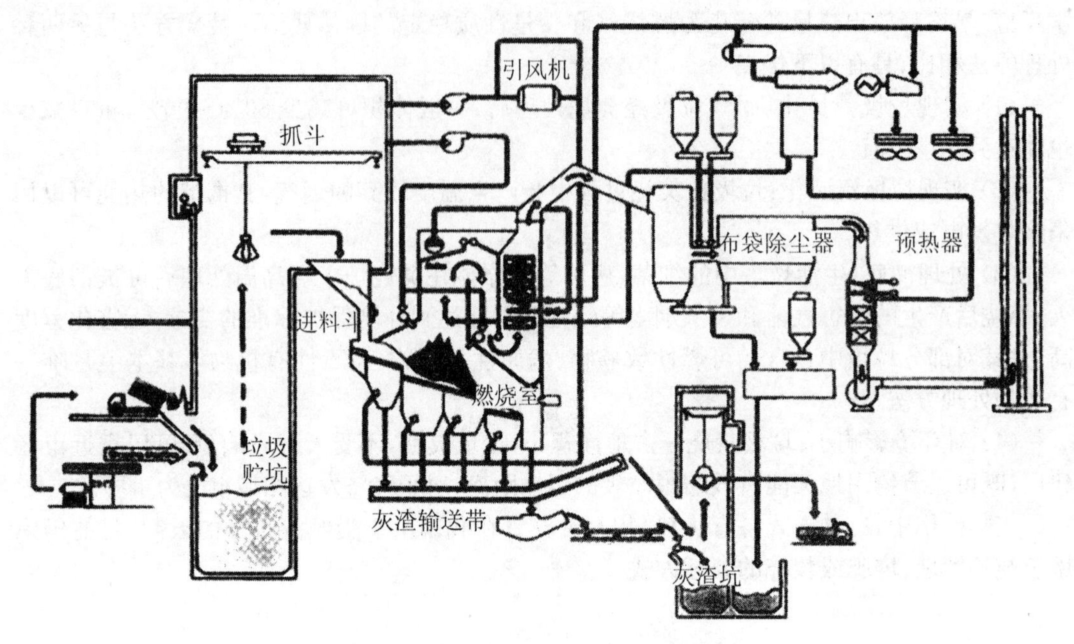

图 6.1　典型城市生活垃圾焚烧工艺流程图

6.3　城市生活垃圾焚烧工艺设计

6.3.1　垃圾贮存及进料系统

1. 贮存系统

(1) 垃圾倾斜平台

倾斜平台的作用是接受各种形式的垃圾车，使之能够顺畅进行垃圾倾卸作业。平台形式宜采用室内型，以防止臭气外溢及降雨流入。倾斜平台的尺寸应根据垃圾车辆的大小及行驶路线而定。一般在倾斜平台投入门的正前方，设置高约 20 cm 的挡车矮墙，以防车辆坠入垃圾贮坑。平台还要有 2%左右的坡度，防止垃圾污水的积存。

(2) 垃圾贮坑

垃圾贮坑的作用是暂时贮存运入垃圾，调整连续式焚烧系统运转能力，同时使得垃圾得到充分发酵。贮坑的容量依据垃圾清运计划、焚烧炉的处理能力等因素确定。一般以垃圾单位容积重 0.3 t/m^3 及容纳 3～5 天的最大日处理为计算依据。

为防止垃圾恶臭逸散，垃圾贮坑应为密闭构筑物，其上部配置吊车进行进料作业。垃圾贮坑、粗大垃圾投入及粉碎与垃圾漏斗的相对位置，一般分为 L 形与 T 形两大类共五种形式，如图 6.2 所示。

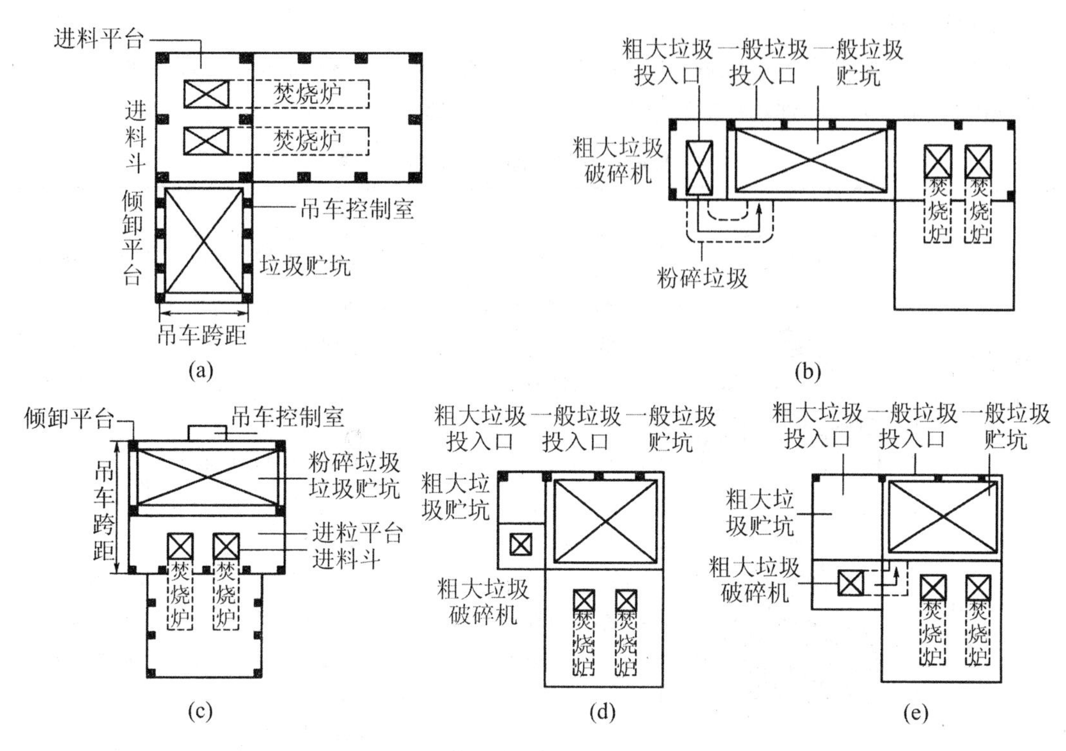

图 6.2　垃圾贮坑与漏斗的配置关系

垃圾贮坑要做防水处理，防止垃圾渗滤液的渗透，同时坑底要保持一定的排水坡度，使垃圾贮坑内渗滤液经由拦污栅排入并收集处理。

大型焚烧设施中常在贮坑内设可燃性粗大垃圾破碎机，将形状不适合焚烧的大型垃圾破碎后再与其他垃圾混合送入炉内燃烧。

(3) 垃圾吊车与抓斗

① 垃圾吊车

吊车系由抓斗、卷起装置、行走与横移装置、给电装置、操作装置及投入量的计测装置构成。垃圾吊车的布置如图 6.3 所示。

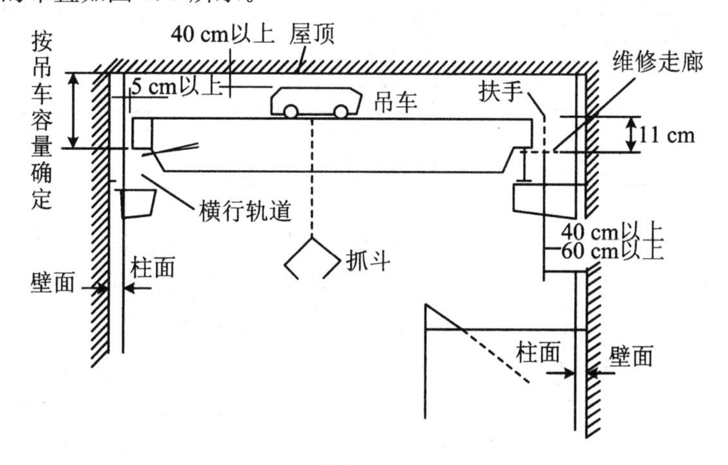

图 6.3　吊车与建筑物间的界限

② 垃圾抓斗

抓斗是实现垃圾进出贮坑输送、翻转等工具。常见的有蚌壳式和剥皮式两种。开关动力有缆绳式与油井式两种。垃圾抓斗的种类如表 6.1 所示。

表 6.1　抓斗的种类及特征

形式	特征			
	构造图	优点	缺点	适用物质
缆绳操作 蚌壳式		1）冲击贯穿性强 2）故障较少 3）防水性较佳 4）维修简易 5）压缩垃圾力量强	1）必须由高处落下才能贯穿操作 2）吊车回转不易 3）自重较大 4）开闭口寿命较短	可燃垃圾
缆绳操作 剥皮式		1）冲击贯穿性强 2）故障较少 3）防水性较佳 4）维修简易 5）压缩垃圾力量强	1）需由高处落下才能贯穿操作 2）控制复杂 3）吊车回转不易 4）自重较大 5）开闭口寿命较短 6）构造较复杂	可燃垃圾 粗大垃圾 破碎垃圾
油压操作 蚌壳式		1）抓斗内部容积大(约 1.6 倍) 2）无需贯穿操作 3）操作简单 4）回转容易 5）自重较小	1）冲击力小 2）油压系统容易故障 3）防水性弱 4）维修复杂 5）对压缩垃圾效果差	可燃垃圾
油压操作 剥皮式		1）抓斗内部容积大(2～2.5 倍) 2）无需贯穿操作 3）操作简单 4）回转容易 5）自重较小 6）亦可抓举巨大垃圾	1）冲击力小 2）油压系统容易故障 3）防水性弱 4）维修复杂 5）对压缩垃圾效果差	可燃垃圾 粗大垃圾 破碎垃圾

2. 进料系统

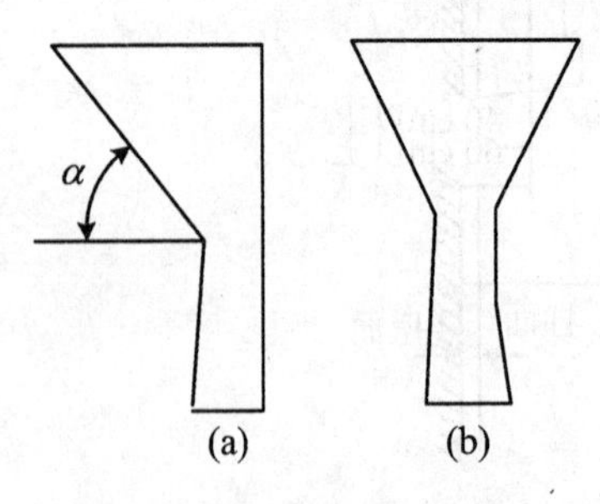

图 6.4　投入垃圾的漏斗形状

垃圾焚烧炉进料系统包括垃圾进料漏斗和填料装置。进料漏斗的作用是暂时贮存垃圾吊车投入的垃圾,并将其连续送入炉内燃烧。垃圾漏斗一般分为双边喇叭形和单边喇叭形两种,如图 6.4 所示。填料滑道则有垂直型和倾斜型两种,将喇叭状漏斗与滑道相连,并附有单向开关盖,在停机及漏斗未装满垃圾时可阻断外部空气进入,避免炉内火焰的窜出。为防止垃圾阻塞，还可附设消除阻塞装置。

机械炉排焚烧炉多采用推入器式或炉床并用式垃圾进料器，图 6.5 为垃圾入料方式。

（1）推入器式：通过水平推入器的往返运动，将漏斗滑道内的垃圾供至炉内。可通过改变推入器的冲程、运动速度及时间间隔来调节垃圾供给量，驱动通常采用油压式。

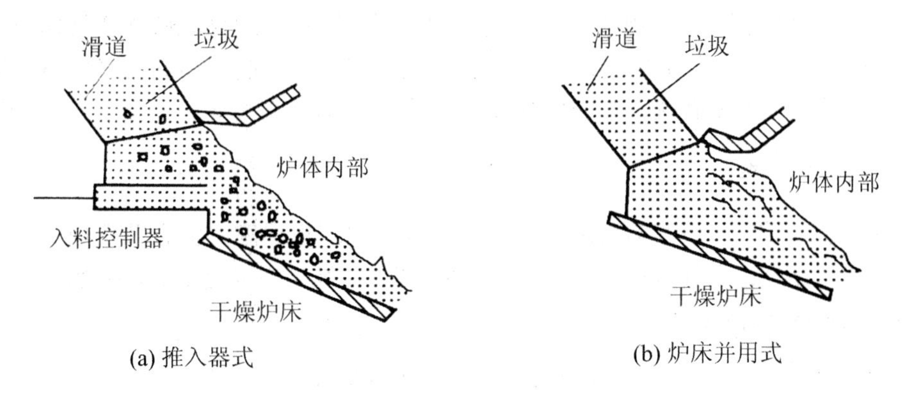

图 6.5　垃圾入料方式

（2）炉床并用式：即将干燥炉床的上部延伸到进料漏斗下方，使进料装置与炉床成为一体，依靠干燥炉床的运动将漏斗通道内的垃圾送入焚烧炉，但无法调整进料量。

6.3.2　焚烧控制参数

焚烧温度、气体停留时间、搅拌混合强度及过剩空气率被称为焚烧四大控制参数。

1. 焚烧温度

生活垃圾焚烧温度是指垃圾中有害成分在高温下氧化、分解，直至破坏所需的温度。它比垃圾的着火温度高得多。

一般提高焚烧温度有利于垃圾中有机毒物的分解和破坏，并可抑制黑烟的产生。但过高的焚烧温度不仅增加了燃料消耗量，而且会增加垃圾中重金属的挥发量及氧氮数量，引起二次污染。以下是垃圾焚烧实践结果的经验参数，仅供参考。

（1）对于废气的脱溴处理，采用 800～950 ℃的焚烧温度可取得良好效果。

（2）当废物粒子在 0.01～0.51 μm 之间，且氧气和停留时间合适时，焚烧温度在 900～1 000 ℃即可避免产生黑烟。

（3）焚烧可能产生氮氧化合物（NO_x）时，温度控制在 1 500 ℃以下。

（4）含氯氧化物的焚烧，温度在 800～850 ℃以上，氯气可以转化成氯化氢，回收利用或以水洗涤除去。

（5）高温焚烧是防治 PCDD 与 PCDF 的最好方法，在 925 ℃以上，这些毒性有机物即可开始被破坏，足够的空气与废气在高温区停留时间可以减低破坏温度。

2. 气体停留时间

垃圾中有害组分在焚烧炉内，处于焚烧条件下，成分发生氧化、燃烧，使有害物质变成无害物质所需的时间称为焚烧停留时间。

对于垃圾焚烧，如温度维持在850～1 000 ℃之间，有良好搅拌预混合，使垃圾的水汽易于蒸发，则燃烧气体在燃烧室停留的时间约为1～2秒。

3. 搅拌混合强度

要使垃圾燃烧完全，污染物减少，必须使垃圾与助燃空气充分接触、燃烧气体与助燃空气充分混合。焚烧炉所采用的扰动方式是关键所在。常用的扰动方式有空气流扰动、机械炉扰动、流态化扰动及旋转扰动等，其中以流态化扰动方式效果最好。

4. 过剩空气率

在实际焚烧系统中，氧气与可燃物质无法完全达到理想程度的混合及反应。为使燃烧完全，需要提供比理论空气量更多的助燃空气量，使得垃圾与空气完全混合燃烧。

(1) 过剩空气系数 α

过剩空气系数 α 用于表示实际空气与理论空气的比值，定义为

$$\alpha = A/A_0$$

式中，A 为实际供应空气量；A_0 为理论空气量。

(2) 过剩空气率 β

$$\beta = (\alpha - 1) \times 100\%$$

废气中含氧量是间接反映过剩空气多少的指标。工程上可以根据过剩氧气量估计燃烧系统中的过剩空气系数，如表6.2所示。假设空气中氧含量为21%，则过剩空气比可粗略表示为：

$$过剩空气比 = 21\%/(21\% - 过剩氧气体积分数)$$

表 6.2 一般锅炉及焚烧炉的过剩空气系数

燃烧系统	过剩空气系数 α	燃烧系统	过剩空气系数 α
小型锅炉(天然气)	1.2%	流化床(燃煤)	1.3%～1.5%
小型锅炉(燃油)	1.3%	大型工业窑炉(燃油)	1.3%～1.5%
大型锅炉(天然气)	1.05%～1.10%	流化床焚烧炉	1.31%～1.5%
大型锅炉(燃油)	1.05%～1.15%	固体焚烧炉(旋窑、多层炉)	1.8%～2.5%
大型锅炉(燃煤)	1.2%～1.4%		

6.3.3 焚烧参数计算

1. 燃烧需要空气量

(1) 理论燃烧空气量

理论燃烧空气量是指废物(或燃料)完全燃烧时，所需要的最低空气量，一般以 A_0 来表示。其计算方式是假设液体或固体废物1 kg中的碳、氢、氮、氧、硫、灰分以及水分的质量分别以 C、H、N、O、S、A_{sh} 及 W 来表示，则理论空气量为：

① 体积基准

$$A_0(\mathrm{m^3/kg}) = \frac{1}{0.21}\left[1.867C + 5.6\left(H - \frac{O}{8}\right) + 0.7S\right]$$

② 质量基准

$$A_0(\mathrm{kg/kg}) = \frac{1}{0.231}(2.67C + 8H - O + S)$$

其中，$(H-O/8)$称为有效氢。因为燃料中的氧是以结合水的状态存在的，在燃烧中无法利用这些与氧结合成水的氢，故需要将其从全氢中减去。

(2) 实际需要燃烧空气量

实际供给的空气量 A 与理论需空气量 A_0 的关系为：

$$A = \alpha A_0$$

2. 焚烧烟气量及组成

(1) 烟气产生量

假定废物以理论空气量完全燃烧时的燃烧烟气量称为理论烟气产生量。如果废物组成已知，以 C、H、N、O、S、Cl、W 表示单位废物中碳、氢、氮、氧、硫、氯和水分的质量比，则理论燃烧湿基烟气量为

$$G_0' = 0.79A_0 + 1.867C + 0.7S + 0.631Cl + 0.8N + 11.2H' + 1.244W \quad (\mathrm{m^3/kg})$$

或 $$G_0 = 0.77A_0 + 3.67C + 2S + 1.03Cl + N + 9H' + W \quad (\mathrm{kg/kg})$$

式中，$H' = H - Cl/35.5$。

而理论燃烧干基烟气量为

$$G_0' = 0.79A_0 + 1.867C + 0.7S + 0.631Cl + 0.8N \quad (\mathrm{m^3/kg})$$

或 $$G_0 = 0.77A_0 + 3.67C + 2S + 1.03Cl + N \quad (\mathrm{kg/kg})$$

将实际焚烧烟气量的潮湿气体和干燥气体分别以 G 和 G' 来表示，其相互关系可用下式表示：

$$G = G_0 + (\alpha - 1)A_0$$

$$G' = G_0' + (\alpha - 1)A_0$$

(2) 烟气组成

固体或液体废物燃烧烟气组成，可用如表 6.3 所示的方法计算。

表 6.3　焚烧干、湿烟气百分组成计算表

组成	体积百分组成		质量百分组成	
	湿烟气	干烟气	湿烟气	干烟气
CO_2	$1.867C/G$	$1.867C/G'$	$3.67C/G$	$3.67C/G'$
SO_2	$0.7S/G$	$0.7S/G'$	$2S/G$	$2S/G'$
HCl	$0.631Cl/G$	$0.631Cl/G'$	$1.03Cl/G$	$1.03Cl/G'$
O_2	$0.21(\alpha-1)A_0/G$	$0.21(\alpha-1)A_0/G'$	$0.23(\alpha-1)A_0/G$	$0.23(\alpha-1)A_0/G'$
N_2	$(0.8N+0.79\alpha A_0)/G$	$(0.8N+0.79\alpha A_0)/G'$	$(N+0.77\alpha A_0)/G$	$(N+0.77\alpha A_0)/G'$
H_2O	$(11.2H'+1.244W)/G$		$(19H'+W)/G$	

3. 发热量计算

(1) 干基发热量

干基发热量(H_d)是指废物不包括含水分部分的实际发热量。

(2) 高位发热量

高位发热量又称总发热量，是燃料在定压状态下完全燃烧，其中水分燃烧生成的水凝缩成液体状态。热量计测得值即为高位发热量(H_h)。

(3) 低位发热量

实际燃烧时，燃烧气体中的水分为蒸气状态，蒸气具有的凝缩潜热及凝缩水的显热之和2 500 kJ/kg 无法利用，将之减去后即为低位发热量或净发热量，也称真发热量(H_l)。

(4) 干基发热量、高位发热量与低位发热量的关系

三者关系式如下：

$$H_d = \frac{H_h}{1-W}$$

$$H_l = H_h - 2\,500 \times (9H + W)$$

式中，W 为废物水分含量，小数点表示；H 为废物湿基元素组分氢的含量，小数点表示；H_d 为干基发热量，kJ/kg；H_h 为高位发热量，kJ/kg；H_l 为低位发热量，kJ/kg。

(5) 发热量计算公式

① Dulong 公式

$$H_h(\text{kJ/kg}) = 34\,000C + 143\,000\left(H - \frac{O}{8}\right) + 10\,500S$$

② Scheurer-Kestner 公式

$$H_h(\text{kJ/kg}) = 34\,000\left(C - \frac{3}{8}O\right) + 143\,000H + 9\,400S + 23\,800 \times \frac{4}{3}O$$

③ Steuer 公式

$$H_h(\text{kJ/kg}) = 34\,000\left(C - \frac{3}{8}O\right) + 23\,800 \times \frac{3}{8}O + 144\,200\left(H - \frac{1}{16}O\right) + 10\,500S$$

④ 日本化学便览公式

$$H_h(\text{kJ/kg}) = 34\,000C + 143\,000\left(H - \frac{O}{2}\right) + 9\,300S$$

式中，C、H、O、S 为废物湿基元素分析组成；其他符号同上。

4. 废气停留时间

废气停留时间是指燃烧所生成的废气在燃烧室内与空气接触的时间，通常可以表示如下：

$$\theta = \int_0^V \mathrm{d}V/q$$

式中，θ 为气体平均停留时间，s；V 为燃烧室内容积，m^3；q 为气体的炉温状况下的风量，m^3/s。

5. 燃烧室容积热负荷

在正常运转下，燃烧室单位容积在单位时间内由垃圾及辅助燃料所产生的低位发热量，称为燃烧室容积热负荷(Q_V),是燃烧室单位时间、单位容积所承受的热量负荷,单位为 $kJ/(m^3 \cdot h)$。

$$Q_V = \frac{F_f \times H_{f1} + F_w \times [H_{w1} + Ac_{pa}(t_a - t_0)]}{V}$$

式中,F_f 为辅助燃料消耗量,kg/h;H_{f1} 为辅助燃料的低位发热量,kJ/kg;F_w 为单位时间的废物焚烧量,kg/h;H_{w1} 为废物的低位发热量,kJ/kg;A 为实际供给每单位辅助燃料与废物的平均助燃空气量,kg/kg;c_{pa} 为空气的平均定压热容,kJ/(kg・℃);t_a 为空气的预热温度,℃;t_0 为大气温度,℃;V 为燃烧室容积,m^3。

6. 焚烧温度推估

若燃烧过程中化学反应所释出的热量完全用于提升生成物本身的温度,则该燃烧温度称为绝热火焰温度。从理论上而言,对单一燃料燃烧,可以根据化学反应式及各物质种类的比定压热容,借助精细的化学反应平衡方程组推求各生成物在平衡时的温度及浓度。但是焚烧处理的废物组成复杂,计算过程十分复杂,故工程上多采用较简便的经验法或半经验法推求燃烧温度。

(1) 精确算法

化学反应中的反应物或生成物均可依热力学将所含有的能量状态定义成热熔 H_T^0,其中上标"0"表示标准状态,下标 T 为温度,表示在某温度时标准状态下某纯物质的热焓,若在 0 K 的 H_0^0 为已知的,该物质能量即可定义为 $H_T^0 - H_0^0$,则各物质的生成热可以 $(\Delta H_f^0)_{T,i}$ 来表示。

对任何已知化学反应,若反应温度为 T_2,参考温度为 T_0,反应物进入系统时的温度为 T_1,则反应热可表达为:

$$\Delta H = \sum_{i(\text{生成物})} n_i\{[(H_{T_2}^0 - H_0^0) - (H_{T_0}^0 - H_0^0)] + (\Delta H_F^0)_{T_0}\}_i - \sum_{j(\text{反应物})} n_j\{[(H_{T_2}^0 - H_0^0) - (H_{T_0}^0 - H_0^0)] + (\Delta H_F^0)_{T_0}\}_j$$

若最终生成物将抵达平衡温度 T_2,且所有反应热均用于提高生成物的温度,则上式变成

$$\sum_{i(\text{生成物})} n_i\{[(H_{T_2}^0 - H_0^0) - (H_{T_0}^0 - H_0^0)] + (\Delta H_F^0)_{T_0}\}_i = \sum_{j(\text{反应物})} n_j\{[(H_{T_2}^0 - H_0^0) - (H_{T_0}^0 - H_0^0)] + (\Delta H_F^0)_{T_0}\}_j$$

在反应物中,各物质种类的 T_0 可能不同,若将参考温度设定为 $T_0 = 298$ K,则

$$(H_{T_2}^0 - H_0^0) - (H_{T_0}^0 - H_0^0) = H_{T_0'}^0 - H_{T_0}^0$$

从理论上讲,对单一燃料的燃烧,可以根据化学反应式及各物质种类的比定压热容来推求燃烧温度(绝热火焰温度)。

(2) 工程简算法

① 不考虑热平衡条件

若已知元素分析及低位发热量,则近似的理论燃烧温度 t_g 可用下式计算:

$$H_1 = V_g c_{pg}(t_g - t_0)$$

式中,c_{pg} 为废气在 t_g 及 t_0 间的平均定压热容,kJ/(m^3・℃);t_0 为大气温度,℃;t_g 为燃烧烟

气温度,℃;V_g 为燃烧场中废气体积(标准状态下),m^3。

仅用低位发热量来估计燃烧温度时,经常会有高估的现象;若采用较精确的热平衡计算,则可进一步改善计算的精度。

② 简单热平衡法

假设助燃空气没有预热,则简易的热平衡方程可表达如下:

$$c_{pg}[G_0+(\alpha-1)A_0]F_w t_g = \eta F_w H_1(1-\sigma)+c_w F_w t_w + c_{pa}\alpha A_0 F_w t_0$$

式中,F_w 为单位时间内的废物燃烧量,kg/h;H_1 为废物的低位发热量,kJ/kg;A_0 为废物燃烧的理论所需空气量,m^3/kg;α 为过剩空气系数;G_0 为理论焚烧烟气量,m^3/kg;c_{pg} 为焚烧烟气的平均比定压热容,kJ/(m^3·℃);c_w 为废物的平均比热容,kJ/(kg·℃);c_{pa} 为空气的平均比定压热容,kJ/(m^3·℃);σ 为辐射比率,%;t_g 为焚烧温度,℃;t_w 为废物最初温度,℃;t_0 为大气温度,℃;η 为燃烧效率,%。

上式右端中 ηF_w(kJ/h)为单位时间内的供热量,而 $\eta F_w H_1(1-\sigma)$ 为辐射散热后可用的热源,$c_w F_w t_w$(kJ/h)为废物原有的热焓,$c_{pg}\alpha A_0 F_w t_g$(kJ/h)为助燃空气带入的热焓;左端 $c_{pg}[G_0+(\alpha-1)A_0]F_w t_g$(kJ/h)为废物燃烧后废气的热焓。因此燃烧温度可推求如下:

$$t_g(℃)=\frac{\eta H_1(1-\sigma)+c_w t_w+c_{pa}\alpha A_0 t_0}{c_{pg}[G_0+(\alpha-1)aA_0]}$$

式中,燃烧废气的平均定压比热为 1.30~1.46 kJ/(m^3·℃);c_w 用下式确定:

$$c_w = 1.05(A+B)+4.2W \text{ kJ/(m}^3\cdot℃)$$

式中,A 为灰分,%;B 为可燃分,%;W 为水分,%。

(3) 半经验法

① 美国的方法

Tillman 等人根据美国焚烧厂数据,推导出大型垃圾焚烧厂燃烧温度的回归方程如下:

$$t_g(℃)=0.0258H_h+1926\alpha-2.524W+0.29(t_a-25)-177$$

式中 H_h 为高位发热量,kJ/kg;α 为等值比;W 为垃圾的含水量,%;t_a 为助燃空气预热温度,℃。

② 日本的方法

日本田贺根据热平衡提出用下式确定理论燃烧温度:

$$\text{无空气预热时}: t_{g1}(℃)=\frac{(H_1+6W)-5.898W}{0.847\alpha(1-W/100)+0.491W/100}$$

$$\text{有空气预热时}: t_{g1}(℃)=\frac{(H_1+6W)-5.898W+0.800t_a\alpha(1-W/100)}{0.847\alpha(1-W/100)+0.491W/100}$$

6.3.4 焚烧炉

1. 焚烧炉类型

固体废物焚烧炉种类繁多,主要有炉排型焚烧炉、炉床型焚烧炉和沸腾流化床焚烧炉三种类型。每一种类型的炉子视其具体的结构不同又有不同的形式,具体分为以下几种类型:

(1) 炉排型焚烧炉

将废物置于炉排上进行焚烧的炉子称为炉排型焚烧炉。

① 固定炉排焚烧炉

固定炉排焚烧炉只能手工操作、间歇运行、劳动条件差、效率低，拨料不充分时会焚烧不彻底。

a. 水平固定炉排焚烧炉

废物从炉子上部投入后经人工扒平，使物料均匀铺在炉排上，炉排下部的灰坑兼作通风室，由出灰门处靠自然通风送入燃烧空气，也可采用风机强制通风。为了使废物焚烧完全，在焚烧过程中，需对料层进行翻动，燃尽的灰渣落在炉排下面的灰坑，人工扒出，劳动条件和操作稳定性差、炉温不易控制，因此对废物量较大及难于燃烧的固体废物是不适用的，它只适用于焚烧少量的如废纸屑、木屑及纤维素等易燃性废物。

b. 倾斜式固定炉排焚烧炉

该炉型基本原理同前，只是炉排布置成倾斜式，有的倾斜炉排后仍有水平炉排。这样增加一段倾斜段可有一个干燥段以适应含水量较大的固体废物的焚烧。此种炉型仍只能用于小型易燃的固体废物焚烧。

② 活动炉排焚烧炉

活动炉排焚烧炉即为机械炉排焚烧炉。炉排是活动炉排焚烧炉的心脏部分，其性能直接影响垃圾的焚烧处理效果，可使焚烧操作自动化、连续化。按炉排构造不同可分为链条式、阶梯往复式、多段滚动式焚烧炉等。我国目前制造的大部分中小型垃圾焚烧炉为链条炉和阶梯往复式炉排焚烧炉，功能较差。

(2) 炉床式焚烧炉

炉床式焚烧炉采用炉床盛料，燃料在炉床上物料表面进行，适宜于处理颗粒小或粉状固体废物以及泥浆状废物，分为固定炉床焚烧炉和活动炉床焚烧炉两大类。

① 固定炉床焚烧炉

a. 水平固定炉床焚烧炉

其炉床与燃烧室构成一整体，炉床水平或略倾斜。废物的加料、搅拌及出灰均为手工操作，劳动条件差，且为间歇式操作，故不适用于大量废物的处理。固定炉床焚烧炉适用于蒸发燃烧形态的固体废物，例如塑料、油脂残渣等；但不适用于橡胶、焦油、沥青、废活性炭等以表面燃烧形态燃烧的废物。处理能力由炉床面积大小决定。

b. 倾斜式固定炉床焚烧

炉床做成倾斜式，便于投料、出灰，并使在倾斜床上的物料一边下滑一边燃烧，改善了燃烧条件。与水平炉床相同，该型焚烧炉的燃烧室与炉床成为一体。这种焚烧炉的投料、出料操作基本上是间歇式的。但如固体废物焚烧后灰分很少，并设有较大的贮灰坑，或有连续出灰机和连续加料装置，亦可使焚烧作业成为连续操作。

② 活动炉床焚烧炉

活动炉床焚烧炉的炉床是可动的，可使废物在炉床上松散和移动，以便改善焚烧条件，进行自动加料和出灰操作。这种类型焚烧炉有转盘式炉床、隧道回转式炉床和回转式炉床（即旋转窑）三种。应用最多的是旋转窑焚烧炉。

(3) 沸腾流化床焚烧炉

这是一种近年发展起来的高效焚烧炉，利用炉底分布板吹出的热风将废物悬浮起呈沸腾状进行燃烧。一般常采用中间媒体即载体(砂子)进行流化，再将废物加入到流化床中与高温的砂子接触、传热进行燃烧。按照有无流化媒体(载体)即流动状态进行分类。

2. 多室焚烧炉

多室焚烧炉是有多个燃烧室的焚烧炉，可使废物燃烧过程分为两步进行：首先是引燃室中废物的初级燃烧(或称固体燃烧)过程，接着是二级燃烧(或称气相燃烧)过程。二级燃烧区域由两部分组成：一个是下行烟道(或混合室)，另一个为上行的扩大室(或燃烧室)。

两步多燃烧室焚烧过程在引燃室中开始，包括了固体的干燥、引燃和燃烧。在燃烧进行过程中，当燃料从引燃室通过连接引燃室与混合室之间的火焰口时，蒸发掉了其中的水分和挥发成分并使它们部分氧化。废物的挥发成分和燃烧产物从火焰口向下通过混合室，在混合室内引入二次空气。足够的温度与加入的空气相结合引起了第二阶段的燃烧过程，必要时还可通过混合室或二级燃烧喷嘴助燃。由于限制流动范围并突然改变流动方向而引起的紊流混乱作用也增进了气相反应。气体通过混合室到最后燃烧室的隔墙口时，在可燃成分的蒸发和最后氧化的同时，气体又经历了一次方向的改变。飞灰和其他的固体颗粒物由于与炉壁相碰撞和单纯的沉降作用而被收集在燃烧室中，使由一燃烧室排出烟气中的未燃尽气体燃烧产物和气载可燃固体得以充分燃烧。

现代多室焚烧炉的结构有两种基本的类型，按其布局不同而命名：一类是气体的回流所通过的各室呈“U”形布局，称为曲径型，另一类各室按直线排列，可称为同轴式。

(1) 曲径型多室焚烧炉

典型曲径型多室焚烧炉如图 6.6 所示，内部有多个导流板，结构紧凑。导流板所处位置能使燃烧气体在水平和垂直方向上做 90°的转弯运动。在每次烟气气流方向变化时，均有灰尘从烟气流中掉出。一燃室内炉排位置较高，收集灰渣的灰坑较深。

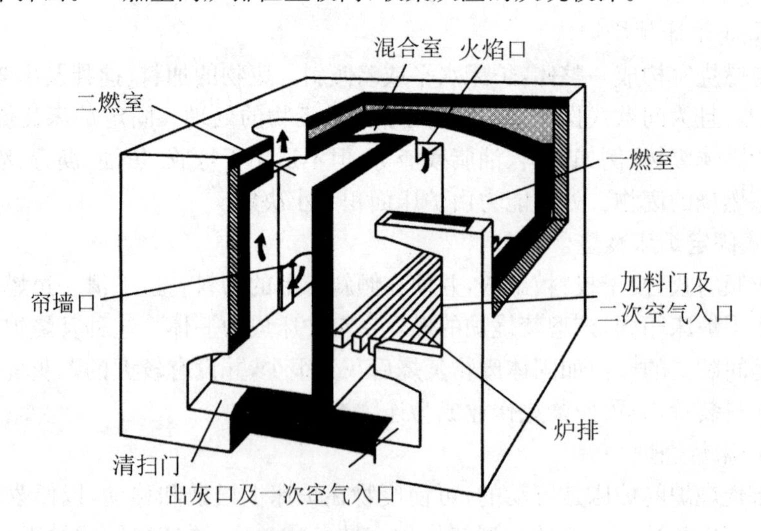

图 6.6 曲径型多室焚烧炉

一次空气和二次空气分别从一燃室炉排的下方和上方，通过鼓风机，以受控制的风量进入炉内。辅助燃料气体通过火焰口进入二燃室，或者进入二燃室前的一个较小的混合室。火焰口实际上是一个把一燃室和二燃室分隔开来的跨接墙上方的孔穴。当有混合室时，二燃室单独设进风口。一燃室和二燃室均设有燃烧器，可加入辅助燃料。如果废物在点燃后炉温可增高到维持废物不断自燃的程度，则一燃室不再需要加入辅助燃料。而二燃室则通常需要不断添加辅助燃料。

一燃室是固体废物燃烧室，二燃室为气相燃烧室。由一燃室至二燃室需经过火焰口及混合室，形成燃烧带。废物进入一燃室，投在固定炉排上，经干燥、着火而燃烧。在燃烧时，挥发分及水分挥发通过燃烧室部分氧化。其余部分随气流通过火焰口向下流经混合室与二次空气混合，因为混合室使气流流动区域受到限制和突然改变流向而产生湍流，促使混合均匀并产生气相反应。膨胀的气体受到帘墙阻挡使气流改变方向，经过帘墙口从混合室到达最后的燃烧室，可燃成分被同轴式多室氧化。飞灰和其他固体颗粒物质受墙碰撞而沉落在燃烧室内。因此，这种类型的焚烧炉排出的烟气中颗粒物浓度相对较低。在许多情况下，即使没有其他空气污染控制设备，也能够满足排放标准。多室焚烧炉的特点是适合采用小量多次间歇式投加的固态含挥发分高的废物的焚烧，其处理量适合范围在 10～375 kg/h。

(2) 同轴式多室焚烧炉

这种类型的焚烧炉比曲径型多室焚烧炉大，燃烧空气直接进入焚烧炉，同时运动气流只在垂直方向上变化。与曲径型多室焚烧炉相同，气流在此焚烧炉内的流动方向变化和碰撞，使飞灰和其他固体颗粒物质随烟气在二燃室混合均匀，能更有效地燃烧。

处理量大于 500 kg/h 的焚烧炉通常配备自动连续进料和出灰设备。炉排可用固定式或活动式机械炉排。图 6.7 所示为采用固定炉排、人工加料的一种同轴式多室焚烧炉，只能用于间歇式或半连续式操作。图 6.8 所示为采用活动炉排、连续进料的同轴式多室焚烧炉，可连续处理废物。

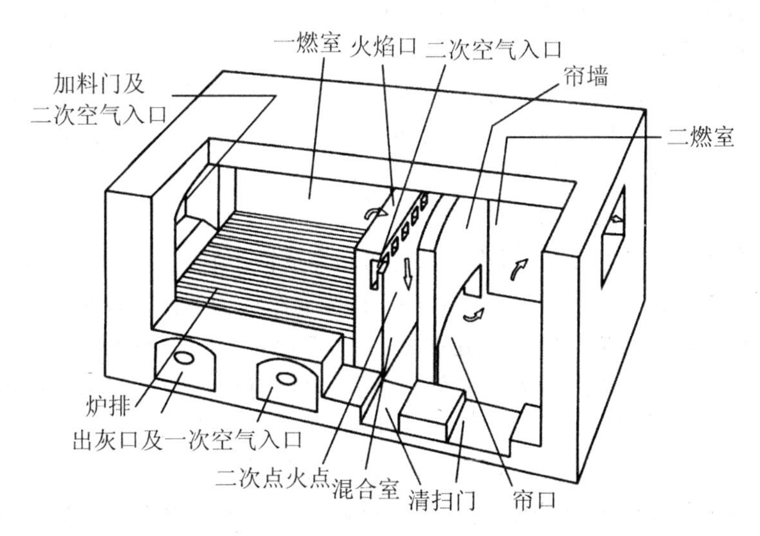

图 6.7　同轴式多室焚烧炉

(3) 特点及实用性

曲径型多室焚烧炉的基本特点：

① 燃烧室的布局使燃烧气流在水平和垂直方向上都要转过多个 90°的弯。

② 气体的回流允许初级和二级燃烧阶段之间的墙壁共用。

③ 混合室、火焰口和隔墙口的长宽比为(1∶1)～(2.4∶1)。

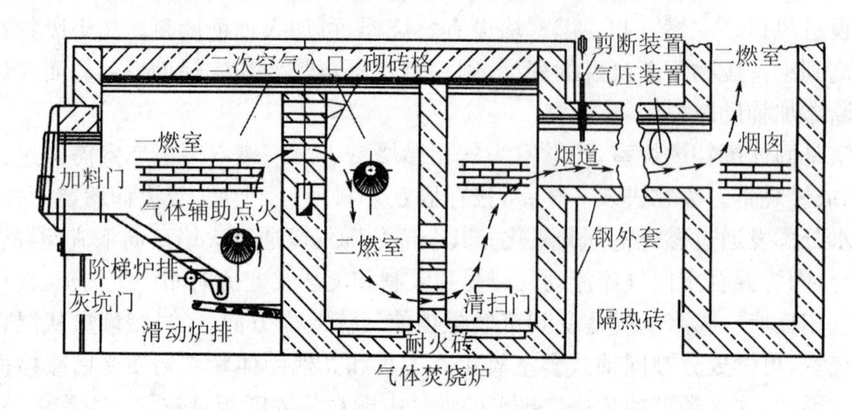

图 6.8　同轴式多室焚烧炉剖面图

④ 火焰口下方的挡火墙的厚度是混合室和燃烧室大小的函数，这点使得在建造250 kg/h 以上的焚烧炉时略显笨重。

串联型同轴多室焚烧炉的基本特点：

① 燃烧气体直接流过焚烧炉，仅在垂直方向上拐几个 90°的弯。

② 由于运行、维护或其他原因，要求将各室的空间相互分开，这种串联布局安装简捷。

③ 所有的孔口和室都能展宽至与焚烧炉相同的宽度。火焰口、混合室和隔墙口通道截面的长宽比为(2∶1)～(5∶1)。

多燃烧室焚烧炉因其结构方面固有的特点，在运行和应用方面有所限制。例如，① 火焰口和混合室的比例决定了气体速度应处在合适的限度内；② 要在整个火焰和混合室中，维持合适的火焰分布；③ 火焰要通过混合室进入燃烧室。这同时也是引起这两种焚烧炉运行性能不同的基本因素。

由于曲径型焚烧炉的立方体形状以及外壁的长度小，因此，当其处于最佳尺寸范围内时，具有结构紧凑和运行经济的优点。当处理能力为 25～375 kg/h 时，其性能比相应的串联型焚烧炉更有效。在曲径型焚烧炉的设计中有急转弯，在尺寸小的情况下，孔口和燃烧室的截面接近方形，所以功能好。在处理能力大于 500 kg/h 的曲径型焚烧炉中，气流截面的增加会减小混合室中有效紊流，使得火焰的分布和穿透性不好，二次空气的混合不良。

串联型焚烧炉适合大处理量运行，小型结构时，工作状态不佳。较小的串联型焚烧炉的二级燃烧比曲径型效率略微高些。在处理量小于 375 kg/h 的小型串联焚烧炉中，炉排短，使火焰不能布满引火室。火焰沿隔墙的分布薄弱，这就有可能使烟气从弱火多烟的炉排直接穿过焚烧炉，未经充分混合和二级燃烧就排出烟道。处理量大于 375 kg/h 的串联型焚烧炉，炉排长度足以在整个引火室的宽度上维持燃烧，因而在火焰口和混合室中，火焰分布良好。在较小型的串联焚烧炉中，炉排短也会给维修带来问题。隔墙上一般没有结构支撑或托架，而且在二次空气通道处隔墙很薄，所以清扫焚烧炉时要特别小心。串联型焚烧炉的使用上限尚未确定。处理量小于 1 000 kg/h 的焚烧炉，为了最大程度的发挥优点，可以将其结构标准化。然而对于大处理量的焚烧炉来说，因为在结构设计、选材用料、炉排焚烧时的机械操作、引风系统以及其他方面存在问题，必须对每一套具体设备进行专门设计，因而不容易标准化。

当处理能力为 125～500 kg/h 时，无论哪种多室焚烧炉都没有突出的优点。在这个范围内，究竟选择哪一种类型，由个人偏好、空间限制、垃圾的性质和废物装炉条件等因素决定。

这两种焚烧炉的燃烧空气需要量相同，大约为 300％的过剩空气量。约有一半所需的燃烧空气是由加料门和焚烧炉的其他地方因泄露而进入焚烧炉的。其余所需空气量的分配为：70％为从炉排进入一燃室的二次空气，10％为由炉排下进入的一次空气，20％为进入混合室或二燃室的空气。

多室焚烧炉一般多用于处理固态废物。对于可流动的物料，诸如污泥、液体和气体，则只有使用合适的燃烧喷嘴，才能在多室焚烧炉中焚烧处理。

多室焚烧炉通常是间歇进料，常规使用推杆型送料系统。对于含有高挥发性物质的废料，需要经常性地小批量间歇进料。

3. 机械炉排焚烧炉

机械炉排焚烧炉采用活动式炉排，可使焚烧操作连续化、自动化，是目前处理城市垃圾中使用最为广泛的焚烧炉，典型结构如图 6.9 所示。焚烧炉燃烧室内放置有一系列机械炉排，通常按其功能分为干燥段、燃烧段和后燃烧段。垃圾经由填料装置进入机械炉排焚烧炉后，在机械炉排的往复作用下，逐步被导入燃烧室内炉排上，垃圾在由炉排下方送入的助燃空气及炉排运动的机械力共同推动及翻滚下，在向前运动的过程中水分不断蒸发，通常垃圾在被送落到水平燃烧炉排时被完全干燥并开始点燃。燃烧炉排运动速度的选择原则是应保证垃圾在到达该炉排尾端时被完全燃尽成灰渣。从后燃烧段炉排上落下的灰渣进入灰斗。

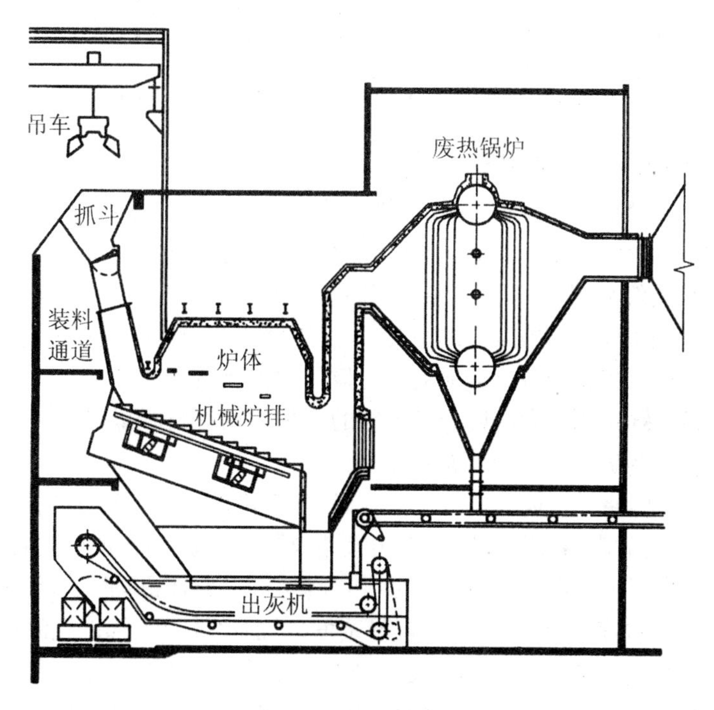

图 6.9　机械炉排焚烧炉

产生的废气流上升而进入二次燃烧室内，与由炉排上方导入的助燃空气充分搅拌、混合及完全燃烧后，废气被导入燃烧室上方的废热回收锅炉进行热交换。机械炉排焚烧炉的一次燃烧室和二次燃烧室并无明显的界限。垃圾燃烧产生的废气流在二燃烧室的停留时间是指烟气从最后的空气喷口或燃烧器出口到换热面的停留时间。图 6.10 给出了典型的垂直流向型燃烧室设计尺寸，烟气上升经三个气道后完全离开燃烧室到达废热锅炉表面的烟气流向，以及烟气在三个气道中的温度、流速分布及停留时间。

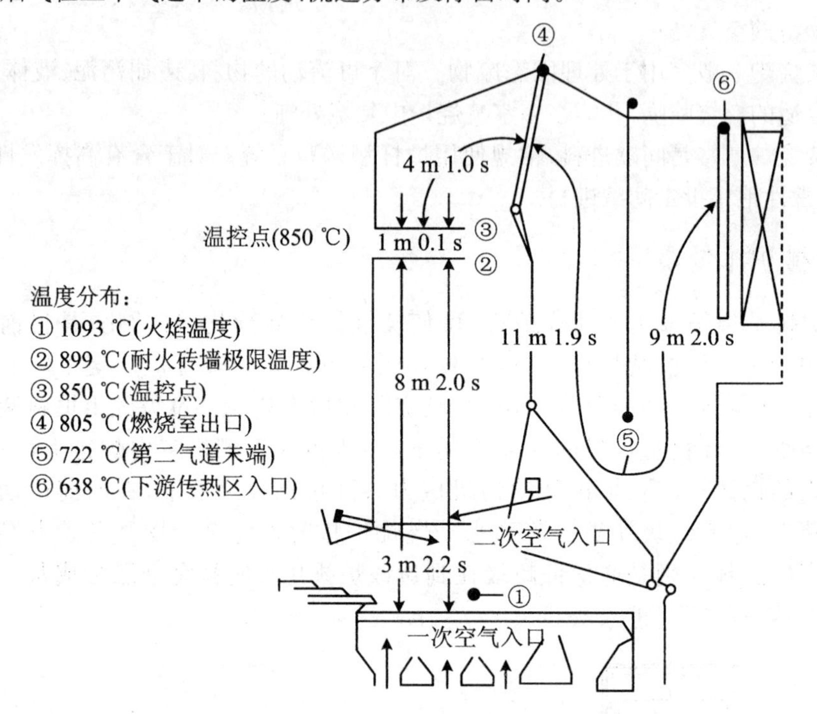

图 6.10 燃烧室尺寸、温度与废气停留时间示意图

(1) 燃烧室及炉排应具备的功能

焚烧炉的燃烧室及机械炉排是机械炉排焚烧炉的心脏，燃烧室的几何形状(即气流模式)与炉排的构造及性能，决定了焚烧炉的性能及垃圾焚烧处理的效果。

为保证垃圾焚烧效率，燃烧室应具备的条件和功能如下：

① 有适当的炉排面积，炉排面积过小时，火层厚度会增加，阻碍通风，引起不完全燃烧。

② 燃烧室的形状及气流模式，必须适合垃圾的种类及燃烧方式。

③ 提供适当的燃烧温度，为垃圾提供足够的在炉体内进行干燥、燃烧及燃烧后的空间，使垃圾及可燃气体有足够的停留时间从而完全燃烧。

④ 有适当的设计，便于垃圾与空气充分接触，使燃烧后的废气能混合搅拌均匀。

⑤ 结构及材料应耐高温，耐腐蚀(如采用水墙或空冷砖墙)，能防止空气或废气的泄漏。

⑥ 具备燃烧机，置于炉排上方左右侧壁及炉排尾端上方，供开机或加温时使用。

为使垃圾在焚烧过程中，垃圾中的水汽易蒸发，增加垃圾与氧气接触的机会、加速燃烧，以及控制空气和燃烧气体的流速、流向，使气体均匀混合，需要使炉排具有良好的移动及搅拌功能。炉排一般分为干燥段炉排、燃烧段炉排及后燃烧段炉排，各段炉排应具备的功能如表 6.4 所示。

表 6.4　干燥、燃烧及后燃烧段炉排须具备的功能

种　类	功　能
干燥炉排	(1) 使炉条不致因垃圾颗粒与土砂等造成阻塞 (2) 具备自清洁作用 (3) 气体贯穿现象少 (4) 使垃圾不致形成大团或大块 (5) 不易夹杂异物 (6) 可均匀移动垃圾 (7) 可将大部分的垃圾含水量蒸发
燃烧炉排	(1) 可均匀分配燃烧用空气 (2) 垃圾的搅拌、混合状况良好 (3) 可均匀运送垃圾 (4) 炉条冷却效果佳 (5) 具有耐磨损、耐热等特性 (6) 不易造成贯穿燃烧
后燃烧炉排	(1) 余烬与未燃物可充分搅拌、混合及完全燃烧 (2) 炉排上的停留时间长 (3) 保温效果好 (4) 少量空气即可使余烬燃烧完全 (5) 排灰情况良好 (6) 可均匀供给燃烧用空气 (7) 不易形成烧结块

(2) 炉排类型与构造

机械炉排类型很多，有链条式、阶梯往复式、多段滚动式和启型炉排等。

① 链条式炉排

链条式炉排结构简单，如图 6.11 所示，不对垃圾搅拌和翻动。垃圾只有在从一炉排落到下一炉排时有所扰动，容易出现局部垃圾烧透、局部垃圾又未燃尽的现象，这种现象对于大型焚烧炉尤为突出。此外，链条炉排不适宜焚烧含有大量粒状废物及废塑料等废物。因此，链条式炉排目前在国外焚烧厂已很少采用。不过，我国一些中小型垃圾焚烧炉仍在使用这种炉排。

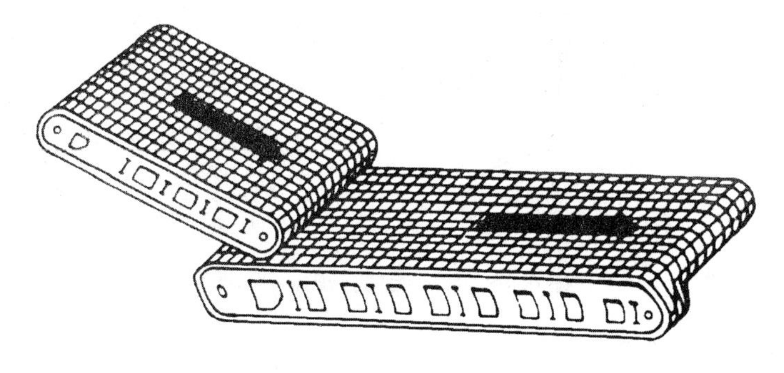

图 6.11　链条式炉排

② 阶梯往复式炉排

这种炉排分固定和活动两种，如图 6.12 所示，固定和活动炉排交替放置。活动炉排的往复运动由液压油缸或由机械方式推动，往复的频率根据生产能力可以在较大范围内进行调节，操作控制方便。阶梯往复式炉排的往复运动能将料层翻动扒松，使燃烧空气能与之充分接触，其性能较链条式炉排好。

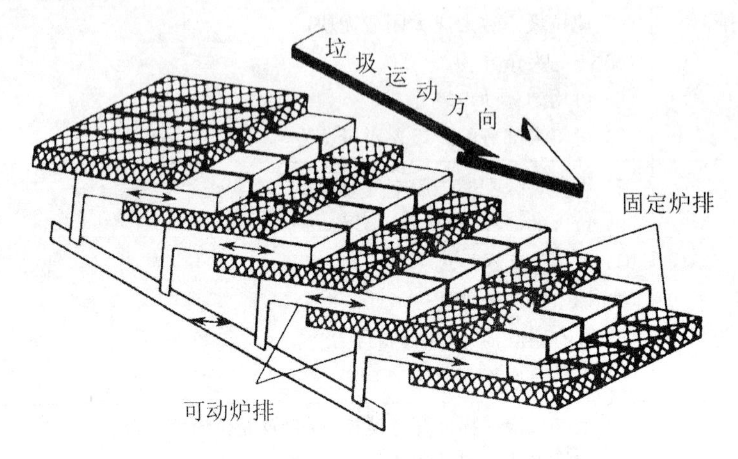

图 6.12 往复式炉排

阶梯往复式炉排焚烧炉对处理废物的适应性较强，可用于含水量较高的垃圾和以表面燃烧和分解燃烧状态为主的固体废物的焚烧，但不适于细微粒状和塑料等低熔点废弃物。

③ 旋转圆桶式炉排

旋转圆桶式炉排构造如图 6.13 所示，炉排由 5～7 个圆桶形滚轮，呈倾斜式排列，每个圆桶间旋转方向相反，有独立的一次空气导管，空气由圆桶底部经由滚筒表面的送气孔到达垃圾层。垃圾因圆桶的滚动而往下移动，并可充分搅拌混合，圆桶以电力驱动，其转速可依垃圾性质调整。此形式炉排炉条冷却效果良好，但圆桶的空气送气口易阻塞，阻塞后易造成气锁。

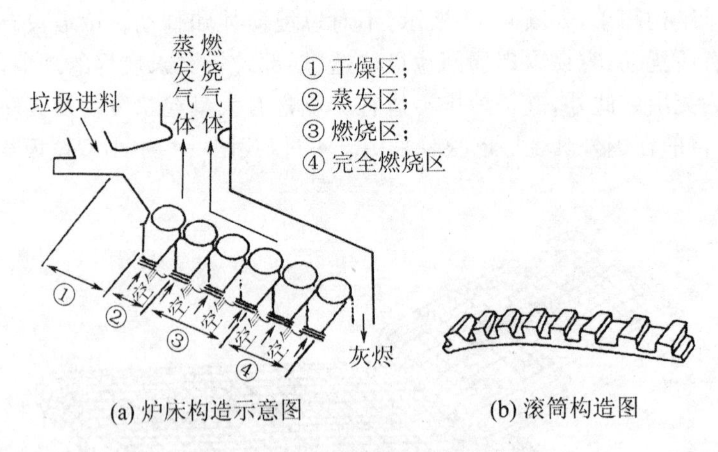

(a) 炉床构造示意图　　(b) 滚筒构造图

图 6.13 旋转圆桶式炉排构造图

④ 阶段反复摇动式炉排

瑞士 Von Roll 阶段反复摇动式炉排的构造如图 6.14 所示，每个炉排上有固定炉条及可动炉条以纵向交错配置，可动炉条由连杆及棘齿组成，在可动炉条支架上水平方向做反复运动，此种运动方式将剪力作用于垃圾层的前后及左右各方向，使得垃圾层能松动及均匀混合，并与火上空气充分接触。

此型炉排由倾斜的三个不同位阶的炉排所组成，采用大阶段落差以增强燃烧效果。其倾斜度在干燥区为20°，燃烧区为30°，后燃烧区为33°。一次空气由炉排底部经由炉条两侧的缝隙吹出。在燃烧区的固定炉条上的炉条有切断刀刃装置，其功能为松动垃圾块、垃圾层及调整垃圾停留时间，使供给空气分布均匀，以及使二次空气的通道有自清作用，垃圾借此力量反复翻搅及移动。

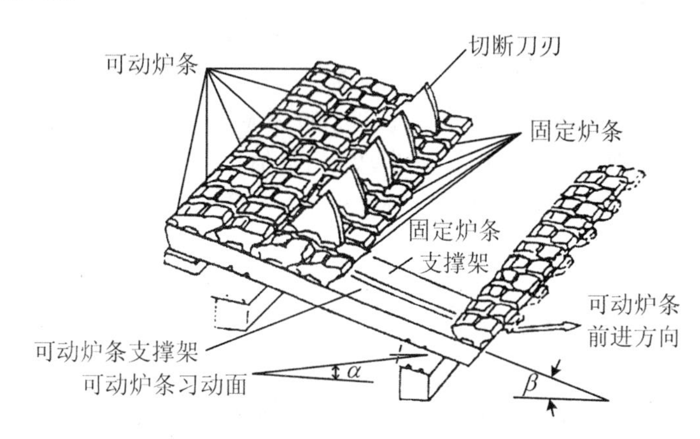

图6.14　阶段往复式摇动式炉排的构造图

⑤ 西格斯多级炉排

比利时西格斯多级炉排如图6.15所示，为台阶式炉排，由固定式炉条、滑动式炉条和翻动式炉条相互结合，并且可以各自单独控制。西格斯多级炉排由相同标准的元件组成，包括刚性梁组成的下层机构和覆有耐火材料的钢质炉条。每件标准炉排元件有六行炉条，分三种不同炉条按两套布置：固定式、水平滑动式和翻动式。下层机构的低层框架直接支撑固定炉条。

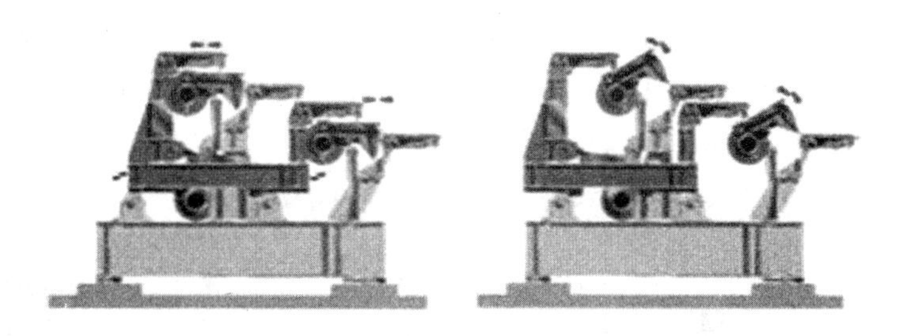

图6.15　西格斯多级炉排运动方式

全部炉条顶层表面形成一个21°斜角的炉排倾斜面，全部元件皆按这个方式布置。滑动炉条推动垃圾层向炉排末端运动，而翻动炉条使垃圾变得蓬松并充满空气。在炉条下面的燃烧风经过几个冷却鳍片和位于每片炉条前端的开口和槽后离开炉条，并吹过下一炉排片的顶部。每一片炉条有燃烧风出口开关，从而保证整个炉排表面的空气分布。

程序员控制炉条的自动移动，并将整个炉膛分为干燥－预燃烧区和燃烬冷渣区，在各区的停留时间和动作的数量可由垃圾成分的不同而做出调整。

西格斯炉排系统有以下主要优点：

a. 单台炉处理能力为1.5～25 t/h；

b. 炉排全程微机控制，可处理热值范围广泛的垃圾，适合处理低热值、高水分的垃圾；

c. 垃圾的燃烬率高。

⑥ 国产二段往复式炉排

二段往复式炉排垃圾焚烧炉是由国内杭州新世纪能源环保工程股份有限公司在总结深圳清水河三期焚烧炉成功国产化经验的基础上，最新开发出的一种先进炉排技术。处理对象主要针对中国高水分、高灰分和低热值特点的生活垃圾。

二段往复式炉排如图6.16所示，结合了逆推式和顺推式两种形式炉排的优点，主燃段逆推炉排向下倾斜，燃烬段顺推炉排为水平布置，既能使垃圾充分搅拌、燃烧，又可利用两段间的落差打散团块，其灰渣热灼减率将优于单一的逆推式或顺推式炉排。这种炉排可以较好地适应国内不分拣的城市生活垃圾，在进炉垃圾热值不低于1 000 kcal/kg，含水率不超过60%的情况下可不借助辅助燃料实现稳定燃烧。

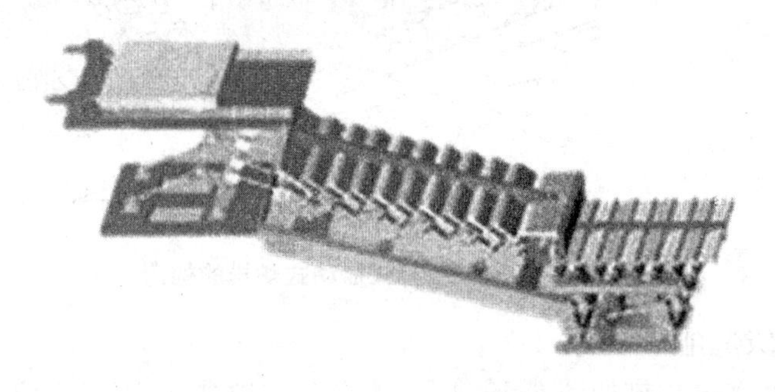

图6.16 国产二段往复式炉排

(3) 燃烧室的构造与性能

① 燃烧室气流模式

燃烧室几何形状与焚烧后废气被导引的流态有密切关系，影响焚烧效率。在导流废气的过程中，除了配合炉排构造，为垃圾提供一个干燥、燃烧及完全燃烧的环境，确保废气能在高温环境中有充分的停留时间，以保证毒性物质分解，还需兼顾锅炉布局及热能回收效率。

燃烧室中的气流模式，依据由炉排下方导入的助燃空气与垃圾在炉排上方运动的方向分成逆流式、顺流式、复流式及交流式等四种，如图6.17所示。

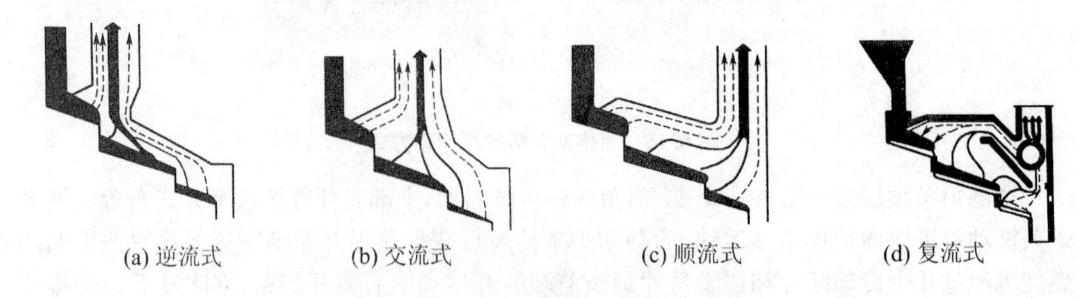

图6.17 焚烧炉燃烧室的四种气流模式

a. 逆流式。所谓逆流式的炉排与燃烧室搭配形态即指经预热的一次风进入炉排后，与垃圾物流的运动方向相反，可以使垃圾受到充分的干燥，因此对于焚烧低热值及高含水量的垃圾较适合采用；垃圾移送方向与燃烧气体流向相反，燃烧气体与炉体的辐射热有利于垃圾干燥，适用于处理低热值的垃圾，即低位发热量在 2 000～4 000 kJ/kg 的垃圾。

b. 顺流式。在顺流式炉排与燃烧室搭配形态中，因一次风与炉排上垃圾物流的接触效果较低，故常用于焚烧高热值及低含水量的垃圾；垃圾移送方向与助燃空气流向相同，因此燃烧气体对垃圾干燥效果较低，适用于焚烧高热值垃圾，即低位发热量在 5 000kJ/kg 以上的垃圾。

c. 交流式。交流式是顺流式与逆流式之间的一种过渡形态，垃圾移动方向与燃烧气体流向相交，适用于焚烧中等发热量的垃圾，即低位发热量为 1 000～6 300 kJ/kg 的垃圾。对于质量高的垃圾，垃圾与气体流向的交点偏后向燃烧侧（即成顺流式），反之则偏向干燥炉排侧（即成逆流式）。

d. 复流式。燃烧室中间有辐射天井隔开，使燃烧室成为两个烟道，燃烧气体由主烟道进入气体混合室，未燃气体及混合不均的气体由副烟道进入气体混合室，燃烧气体与未燃气体在气体混合室内可再燃烧，使燃烧作用更趋于完全。亦称为二回流式。若垃圾热值随四季变化较大，则可以采用复流式的搭配形态。

② 燃烧室的构造

燃烧室典型构造如图 6.18 所示，炉体两侧为钢构支柱，侧面设置横梁，以支持炉排及炉壁。垃圾焚烧厂燃烧室依吸热方式的不同，可分为耐火材料型燃烧室与水冷式燃烧室两种。耐火材料型燃烧室仅靠耐火材料隔热，所有热量均由设于对流区的锅炉传热面吸收，此种形式仅用于较早期的焚烧炉。水冷式燃烧室与炉床成为一体，燃烧室四周采用水管墙吸收燃烧产生的辐射热量，为近代大型垃圾焚烧炉所采用。

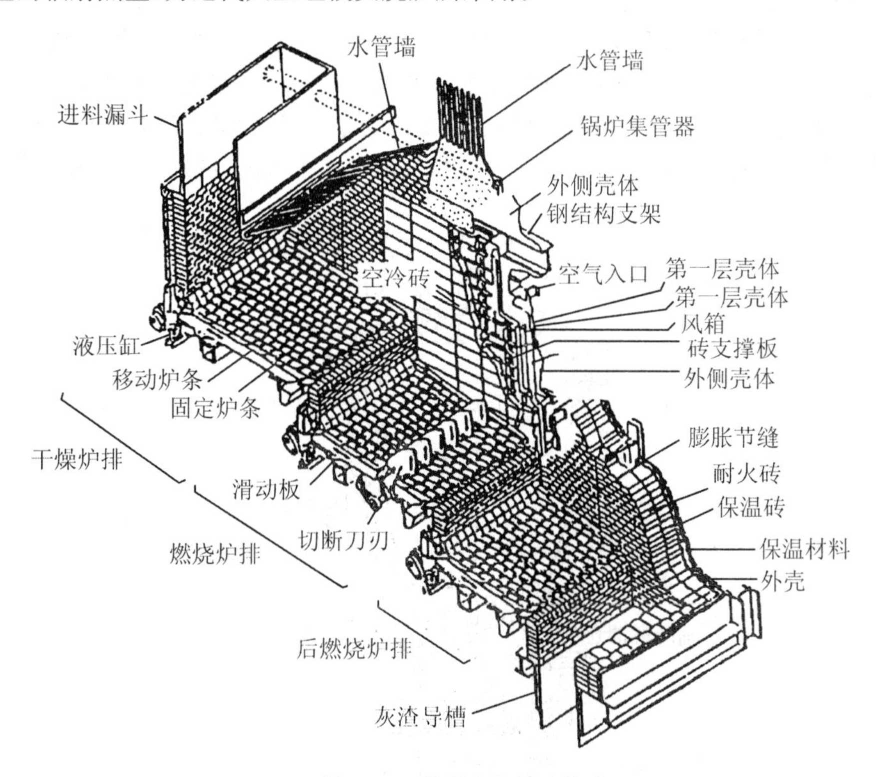

图 6.18　燃烧室和炉床构造

炉壁为可耐高温的耐火砖墙，燃烧火焰最高温度约为 1 000 ℃以上，耐火砖墙的外部须有足够厚度的保温绝热材料及外壳，使炉壁气密性好，避免高温气体外泄。炉体顶部大部分均为水墙构造，其目的是吸收燃烧室高温的辐射热，保护炉壁，同时也可增加锅炉的传热面积，提高锅炉的蒸汽产量。炉壁的构造分为砖墙，不定型耐火砖墙，空冷砖墙以及水墙四种。

4. 流化床焚烧炉

流化床焚烧炉燃烧原理是借助砂介质的均匀传热与蓄热效果以达到完全燃烧的目的，由于介质之间所能提供的孔道狭小，无法接纳较大的颗粒，因此若是处理固体废物，必须先破碎成小颗粒，从而进行焚烧。助燃空气多由底部送入，炉膛内可分为栅格区、气泡区、床表区及干舷区。向上的气流流速控制着颗粒流体化的程度，气流流速过大时会造成介质被上升气流带入空气污染控制系统，可外装一旋风集尘器将大颗粒的介质捕集再返送回炉膛内。空气污染控制系统通常只需装置静电集尘器或滤袋集尘器进行悬浮颗粒的去除即可。在进料口加一些石灰粉或其他碱性物质，酸性气体可在流化床内直接去除，此为流化床的另一优点。

可用于处理废物的流化床的形态有五种：气泡床、循环床、多重床、喷流床及压力床。前两种已经商业化，后三种尚在研究开发阶段。气泡床多用于处理城市垃圾及污泥，循环床多用于处理有害工业废物。气泡式及循环式流化床的构造分别如图 6.19 和图 6.20 所示。气泡床是将不起反应的惰性介质(如石英砂)放入反应槽底部，借助风机的送风(助燃空气)及燃烧器的点火，可以将介质逐渐膨胀加温，由于传热均匀，燃烧温度可以维持在较低的温度，因此氮氧化物产量也较低。同时若在进料时搀入石灰粉末，则可以在焚烧过程中直接将酸性气体去除，所以在焚烧的过程中也同时完成了酸性气体洗涤的工作。一般焚烧的温度范围多保持在 400～980 ℃，气泡床的表面气体流速约在 1～3 m/s，因此有些介质颗粒会被吹出干舷区。为了减少介质补充的数量，可外装一旋风集尘器，将大颗粒的介质捕集回来。介质可能在操作过程中逐渐磨损，而由底灰处排出，或被带入飞灰内，进入空气污染控制系统。

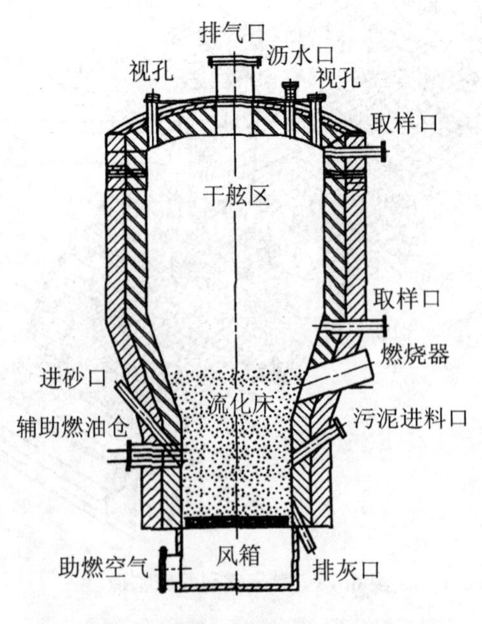

图 6.19 气泡式流化床焚烧炉(散气式)

由于流化床中的介质是悬浮状态，气、固间充分混合、接触，整个炉床燃烧段的温度相当均匀；有些热交换管可安装于气泡区，有些则在干舷区；有些气泡式和涡流式流化床在底部排放区有砂筛送机及砂循环输送带，可以排送较大颗粒的砂，经由一斜向的升管返送回炉膛内。在气泡区亦可设置热交换管以预热助燃空气。流化床和旋转窑一样，炉膛内部并无移动式零件，因此摩擦较低。格栅区、气泡区、床表面区提供了干燥及燃烧的环境，有机性挥发物质进入废气后，可在干舷区完成后燃烧，所以干舷区的作用有如二次燃烧室。

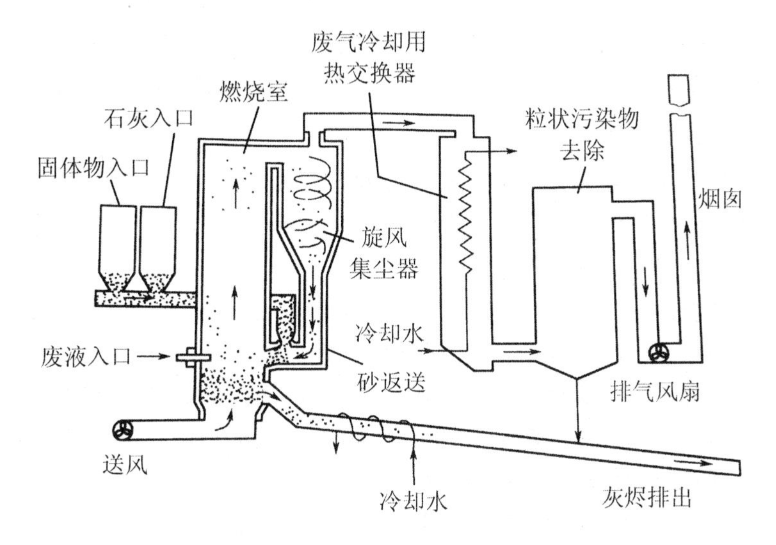

图 6.20　循环式流化床焚烧炉

6.3.5　焚烧炉设计原则

焚烧炉设计基本原则，是使废物在炉膛内按规定的焚烧温度和足够的停留时间，达到完全燃烧。这就要求选择适宜的炉床，设计合理的炉膛形状和尺寸，增加废物与氧气接触的机会，使废物在焚烧过程中，水汽易于蒸发、加速燃烧，以及控制空气及燃烧气体的流速及流向，使气体得以均匀混合。

1. 焚烧炉设计的一般原则

(1) 炉型

一般来说，机械炉排焚烧炉适用于城市垃圾的焚烧处理。此外，还必须考虑燃烧室结构及气流模式、送风方式、搅拌性能的好坏、是否会产生短流或底灰易被扰动等因素。焚烧炉中气流的走向取决于焚烧炉的类型和废物的特性。其基本的取向如图 6.21 所示，多膛式焚

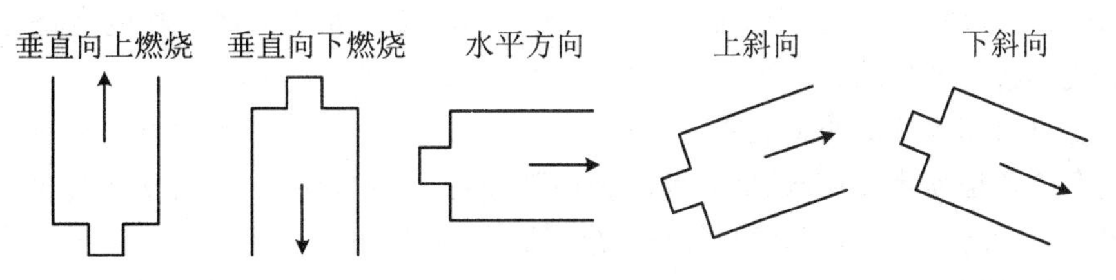

图 6.21　焚烧炉取向

烧炉的取向与流化床焚烧炉一样，通常是垂直向上燃烧的；回转窑焚烧炉通常是向斜下方向燃烧；多燃烧室焚烧炉的燃烧方向一般是水平向的。当燃烧产物中含有盐类时，宜采用垂直向下或下斜向燃烧的设计类型，以便于从系统中清除盐分。

(2) 送风方式

就单燃烧室焚烧炉而言，助燃空气的送风方式可分为炉床上送风和炉床下送风两种，一般加入超量空气100%～300%，即空气比在2.0～4.0之间。

从理论上讲强制通风系统与吸风系统差别很小。吸风系统的优点是可以避免焚烧烟气外漏，但是由于系统中常含有焚烧产生的酸性气体，必须考虑设备的腐蚀问题。

(3) 炉膛尺寸的确定

废物焚烧炉炉膛尺寸主要是由燃烧室允许的容积热强度和废物焚烧时在高温炉膛内所需的停留时间两个因素决定的。通常的做法是按炉膛允许的热强度来决定炉膛尺寸，然后按废物焚烧所必需的停留时间加以校核。

考虑到废物焚烧时既要保证燃烧完全，还要保证废物中有害组分在炉内有一定的停留时间，因此在选取容积热强度值时要比一般燃料燃烧室低一些。

垃圾焚烧采用的炉排式焚烧炉或炉床式焚烧炉的燃烧室（即炉膛）尺寸要适应各种炉排及炉床的特殊要求。首先应按照炉排或炉床的面积热负荷（Q_R）或机械燃烧强度（Q_F）来决定燃烧室截面尺寸，然后再按燃烧室容积热负荷（Q_V）来决定炉膛高度。燃烧室容积热负荷一般为$(40\sim100)\times10^4$ kJ/(m^3·h)，取决于炉型和废物类型，其参考值如表6.5所示。

表6.5 燃烧室热负荷参考值 （单位：10^4 kJ/(m^3·h)）

废物类型	炉型		废物类型	炉型	
	炉排式	固定床式		炉排式	固定床式
一般垃圾	33～84	—	木屑	—	—
餐厨垃圾	63～168	—	废塑料	—	250～295
动物尸体	63～105	—	废橡胶	—	42～84

(4) 燃烧装置与炉膛结构

以液体燃料和气体燃料作为辅助燃料时，由于燃烧速度快，通常可将燃料喷嘴与废物设在同一个燃烧室中。但必须注意，对于热值较低的废液喷嘴或废气喷嘴的设置应远离燃料喷嘴，即要避免冷的废物气流（尤其是含有大量水的废液）喷到燃烧点火区，否则将导致点火区温度急剧下降，使燃烧条件变差，从而影响废液、废气的焚烧。因此合理地布置燃料喷嘴的位置及废液（废气）喷嘴的位置是很重要的，即应使废液（废气）喷到燃料完全燃烧后的区域中去，如果一次燃烧不能完全，则应设置二次燃烧喷嘴。对于固体废物的焚烧，燃料喷嘴通常是对废物进行加热的。

当焚烧具有相当热值的废液或废气时，只需补充少量的燃料油或煤气。如有可能，可以设计成组合式燃烧喷嘴，组合燃烧喷嘴既做燃料喷嘴，又做废液喷嘴或废气喷嘴，这样不仅结构紧凑，而且废液（废气）与高温气流的接触情况也有所改善。

设计燃烧喷嘴时应注意的要点有：

① 第一燃烧室的燃烧喷嘴主要用于启炉点火与维持炉温，第二燃烧室的燃烧喷嘴则为

维持足够温度以破坏未燃尽的污染气体；

② 燃烧喷嘴的位置及进气的角度必须妥善安排，以达最佳焚烧效率，火焰长度不得超过炉长，避免直接撞击炉壁，造成耐火材料破坏；

③ 应配备点火安全监测系统，避免燃料外泄及在下次点火时发生爆炸；

④ 废物不得堵塞燃烧喷嘴火焰喷出口，造成火焰回火或熄灭。

(5) 炉衬结构和材料

炉衬材料要根据炉膛温度的高低选用能承受焚烧温度的耐火材料及隔热材料，并应考虑被焚烧废物及焚烧产物对炉衬的腐蚀性。为了抵抗盐碱等介质的渗透和侵蚀，并提高材质的抗渣性，一般应选用气孔率较小的材质。

选用焚烧炉炉衬材料时，应注意炉内不同部位的温度和腐蚀情况，根据不同部位工作条件采用不同等级的材质。如燃烧室最高温度为1 400～1 600 ℃，可选用含$Al_2O_3=90\%$的刚玉砖；炉膛上部工作温度为900～1 000 ℃，锥部设有废液喷嘴，可选用含$Al_2O_3>75\%$的高铝砖；炉膛中部温度为900 ℃，但熔融的盐碱沿炉衬下流，炉衬腐蚀较重，可选用一等高铝砖；炉膛下部工作条件基本和炉膛中部相同，当燃烧产物中有大量熔融盐碱时，因熔融物料在斜坡上聚集，停留时间长，易渗入耐火材料中，如有Na_2CO_3时腐蚀严重，因此工作条件比炉膛中部恶劣，应选用孔隙率较低的致密性材料，如选用电熔耐火材料制品等。

焚烧炉炉衬结构设计除材料的选用上要考虑承受高温、抵抗腐蚀之外，还要考虑炉衬支托架、锚固件及钢壳钢板材料的耐热性和耐腐蚀性，以及合理的炉衬厚度等问题。应采用整体性、严密性好的耐火材料作炉衬，如采用耐热混凝土、耐火塑料等，以减少砖缝的窜气。另外炉墙厚度不能过大，炉壁温度应较高，以免酸性气体被冷凝下来腐蚀炉壁。然而炉壁温度也不应设计得过高，过高的温度会引起壳板变形，影响环境。

(6) 废气停留时间与炉温

废气停留时间与炉温应根据废物特性而定。处理危险废物或稳定性较高的含有机性氯化物的一般废物时，废气停留时间需延长，炉温应提高；若为易燃性或城市垃圾，则停留时间与炉温可酌量降低。

不过一般而言，若要使CO达到充分破坏的理论值，停留时间应在0.5s以上，炉温在700 ℃以上，但任何一座焚烧炉不可能充分扰动扩散，或多或少皆有短流现象，而且未燃的碳颗粒部分仍会反应生成CO，故在操作时，炉温应维持1 000 ℃，停留时间以1 s以上为宜。若炉温升高，停留时间可以降低；相对地，炉温降低时，停留时间需要加长。

(7) 对废物的适应性

虽然焚烧处理的废物常是多种多样的，并非单一形态，但从其焚烧本质而言都是燃烧问题，有可能安排在同一焚烧炉内进行焚烧。对于区域性危险废物焚烧厂，通常要求焚烧炉对焚烧的废物有较大的适应性。旋转窑焚烧炉和流化床允许投入多种形态的废物，有较好的适应性。但是，并非所有废物都可投入同一焚烧炉内焚烧，必须考虑焚烧处理废物的相容性，通过试验确定对废物加以分类。对于不便放在一个炉内处理的废物，不能勉强凑在一起，以免影响正常操作。

为了便于燃烧后产物的后处理或为了设置废热锅炉，常将某种废物的一些组分预先分离出来，然后分别焚烧。在不会引起传热面污染的焚烧炉后再设置废热回收设备。总之焚烧炉对废物的适应性问题是个较复杂的问题，要考虑到各种因素，力求技术可靠、经济合理。

(8) 进料与排灰系统

焚烧炉进料系统应尽可能保持气密性，焚烧系统大多采用负压操作。若进料系统采用开放式投料或密闭式进料，气密性不佳，冷空气渗入炉内会导致炉温下降，破坏燃烧过程的稳定性，使烟气中 CO 与粒状物浓度急剧上升。

排灰系统应设有灰渣室，采用自动排灰设备。否则容易造成燃烧过程中累积的炉灰随气流的扰动而上扬，增加烟气中粒状物浓度。

(9) 金属材料腐蚀

焚烧烟气中的硫氧化物(SO_x)及氯化氢(HCl)等有害气体均对金属材料有腐蚀性，但在不同的废气温度环境中腐蚀程度不同。图 6.22 给出了金属的腐蚀速率与金属表面温度的关系：废气温度在 320 ℃以上时，氯化铁及碱式硫酸铁形成(320～480 ℃)及分解(480～800 ℃)，称为高温腐蚀区；废气温度在硫酸露点温度(约为 150 ℃)以下时，为电化学腐蚀，称为低温腐蚀区，其中废气温度在 100 ℃以下发生的腐蚀，则称为湿蚀区。高温腐蚀是高温酸性气体(包括 SO_2、SO_3、H_2S、HCl 等)长时间与金属材料接触所致；低温腐蚀是酸性气体在露点以下时，与烟气中的水分凝缩成浓度较高的硫酸、亚硫酸、盐酸等浓滴，与金属材料接触所造成的腐蚀。

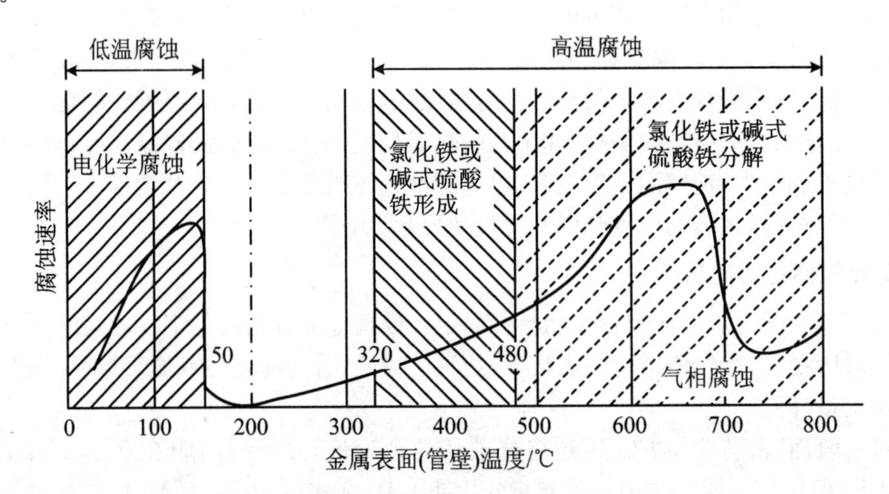

图 6.22　金属表面温度与腐蚀速率关系

通常，焚烧烟气的温度在燃烧室内为 800～900 ℃，流经各辅助设备到烟囱出口时降为约 150～170 ℃。各项设备与废气温度及腐蚀区域的关系如表 6.6 所示。应考虑焚烧炉金属炉壁、耐火水泥焚烧炉的固定锚钉、排气管线及金属制烟囱等的腐蚀问题。

表 6.6　排气温度与腐蚀区域及各项设备关系

腐蚀区域	金属表面温度(℃)	设备名称	排气温度(℃)
高温腐蚀区	＞300	燃烧室	800～950
		锅炉本体	300～900
		蒸汽过热器	350～500
		炉床	250～500

续表

腐蚀区域	金属表面温度(℃)	设备名称	排气温度(℃)
低温腐蚀区	200～300	节热器	250～300
		静电收尘器	250～300
		烟道	220～300
		引风机	250～300
低温腐蚀区	＜150	滤袋收尘器	150～180
		吸收塔	150～180
		引风机	150～180
		烟道	150～250
		烟囱	150～180
湿蚀区	＜100	湿式洗气塔	60～250
		废气再热器	60～180

2. 机械炉排焚烧炉

(1) 炉膛几何形状及气流模式

燃烧室几何形状要与炉排构造协调，在导流废气的过程中，为垃圾提供一个干燥、完全燃烧的环境，确保废气能在高温环境中有充分的停留时间，以保证毒性物质分解，还需兼顾锅炉布局及热能回收效率。

① 对于低热值(低位发热量在 2 000～4 000 kJ/kg)高水分的垃圾，适宜采用逆流式的炉床与燃烧室搭配形态，即指经预热的一次风进入炉床后，与垃圾物流的运动方向相反，燃烧气体与炉体的辐射热利于垃圾受到充分的干燥。

② 对于高热值(低位发热量在 5 000 kJ/kg 以上)及低含水量的垃圾，适宜采用顺流式炉床与燃烧室搭配形态，此时垃圾移送方向与助燃空气流向相同，因此燃烧气体对垃圾干燥效果较差。

③ 对于中等发热量(低位发热量在 3 500～5 300 kJ/kg 之间)的垃圾，可采用交流式的炉床与燃烧室搭配形态，使垃圾移动方向与燃烧气体流向相交。这种燃烧模式的选择有很大的灵活性，若焚烧质佳的垃圾，则垃圾与气体流向的交点偏后向燃烧侧(即成顺流式)；反之则偏向干燥炉床侧(即成逆流式)。

④ 对于热值四季变化较大的垃圾，则可以采用复流式的搭配形态。在日本亦称为二回流式。燃烧室中间由辐射天井隔开，使燃烧室成为两个烟道，燃烧气体由主烟道进入气体混合室，未燃气体及混合不均的气体由副烟道进入气体混合室，燃烧气体与未燃气体在气体混合室内可再燃烧，使燃烧作用更趋于完全。丹麦 Volund 及其代理厂家日本钢管株式会社(NKK)的炉体即属于此种形式。

欧洲共同体燃烧优化准则(GCP)中规定，焚化废气在燃烧室炉床上方至少须在 850 ℃ 环境中停留 2 s，以彻底破坏可能产生二噁英的有机物。此外在工程设计时，为避免因废气流量过大而对耐火衬产生磨蚀，一般均将燃烧室烟气流速限制在 5 m/s 之下，废气通过对流区的流速不得高于 7 m/s。燃烧室内废气温度亦不可高于 1 050 ℃，以免飞灰因温度过高而粘着于炉壁造成软化及腐蚀，并且易于产生过量的氮氧化物。

(2) 燃烧室的构造

垃圾焚烧厂燃烧室中，依吸热方式的不同可分为耐火材料型燃烧室与水冷式燃烧室两种。前者燃烧室仅以耐火材料加以被覆隔热，所有热量均由设于对流区的锅炉传热面吸收，仅用于较早期的焚烧炉中。而后者中的燃烧室与炉床成为一体，空冷砖墙及水墙构造不易烧损及受熔融飞灰等损害，所容许的燃烧室负荷较一般砖墙构造高，多为近代大型垃圾焚烧炉燃烧室炉壁设计所采用。水管墙可有效地吸收热量，并降低废气温度，其主要设计准则为：

① 水管墙应采用薄膜墙设计，以达到良好气密性的要求；

② 水管墙的底部，即靠近炉床的上方部分，因暴露于极高温度的火焰中而易遭受腐蚀，需覆以耐火材料加以保护；

③ 水管墙位置一般在炉床左右侧耐火砖墙的顶部。靠近炉床的侧壁因直接承受高温环境及熔融飞灰的冲击，不适宜采用裸管水墙或鳍片管水墙，有时在接近炉床的位置采用空冷砖墙或耐火砖墙，直至越过火焰顶端后的燃烧室侧壁再采用各型水墙。

(3) 燃烧室热负荷

连续燃烧式焚烧炉燃烧室热负荷设计值约为$(34\sim63)\times10^4$ kJ/(m^3 · h)。若设计不当，对于垃圾燃烧有不良的影响。其值过大时，将导致燃烧气体在炉内停留时间太短，造成不完全燃烧，且炉体的热负荷太高，炉壁易形成熔渣，造成炉壁剥落龟裂，影响燃烧室使用寿命，同时亦影响锅炉操作的效率及稳定性；其值过小时，将使低热值垃圾无法维持适当的燃烧温度，燃烧状况不稳定。应根据垃圾处理量与低位发热量确定适宜的燃烧室热负荷，避免设计值与实际操作值误差过大。

一般而言，大型城市垃圾焚烧炉垃圾处理量为每座至少 200 t/d，才能达到经济规模，其最大垃圾处理变动量宜维持在 20%以下。一般城市垃圾焚烧的自燃界限为 3 400～4 200 kJ/kg，平均低位发热量达 5 000 kJ/kg 以上则不需辅助燃料助燃即可焚烧处理。垃圾热值随季节变化很大，设计时应按年均值考虑。此外，还应综合考虑城市垃圾中的可燃分及低位发热量逐年增加的趋势，选择适宜的设计基准和垃圾热值的变化幅度。如焚烧炉设计热值低于焚烧处理垃圾热值，则会造成焚烧厂不能满负荷运行。

(4) 助燃空气

通常助燃空气分二次供给，一次空气由炉床下方送入燃烧室，二次空气由炉床上方燃烧室侧壁送入。一般而言，一次空气占助燃空气总量的 60%～70%，预热至 150 ℃左右由鼓风机送入；其余助燃空气当成二次空气。一次空气在炉床干燥段、燃烧段及后燃烧段的分配比例一般为 15%、75%及 10%。二次空气进入炉内时，以较高的风压从炉床上方吹入燃烧火焰中，扰乱燃烧室内的气流，可使燃烧气体与空气充分接触，增加其混合效果。操作时为配合燃烧室热负荷，防止炉内温度变化剧烈，可调整预热助燃空气的温度。二次空气是否需预热须根据热平衡的条件来决定。

(5) 燃烧室所需体积

燃烧室容积(V)大小，应兼顾燃烧室容积热负荷及燃烧效率两种准则，方法是同时考虑垃圾的低位发热量与燃烧室容积热负荷的比值（即 Q/Q_V），及燃烧烟气产生率与烟气停留时间的乘积（即 Gt_r），取两者中较大值，即为：

$$V = \max\left(\frac{Q}{Q_V}, Gt_r\right)$$

及

$$G = \frac{\dot{m}F}{3\,600\gamma}$$

式中，V：燃烧室容积，m^3；

Q：单位时间内垃圾及辅助燃料产生的低位发热量，kJ/h；

Q_V：为燃烧室容许体积热负荷，kJ/(m^3 · h)；

G：废气体积流率，m^3/s；

t_r：气体停留时间，s；

$\dot{m}$：燃烧室废气产生率，kg 气体/kg 垃圾；

γ：燃烧气体的平均密度，kg/m^3；

F：垃圾处理率，kg/h。

(6) 所需炉排面积

确定所需炉排面积时，应同时考虑垃圾处理量及其热值，以使所选定的炉排面积能满足垃圾完全燃烧要求。具体方法是，综合考虑垃圾单位时间产生的低位发热量与炉排面积热负荷之比，即 Q/Q_R，及单位时间内垃圾的处理量与炉排机械燃烧强度之比，即 F/Q_f，释热率(GHR)，炉排面积按两者中较大值确定，即

$$F_b = \max\left(\frac{Q}{Q_R}, \frac{F}{Q_f}\right)(m^2)$$

式中，Q：单位时间内垃圾及辅助燃料所产生的低位热量，kJ/h；

F_b：炉排所需面积，m^2；

Q_R：炉排面积热负荷，kJ/(m^2 · h)；

F：单位时间内垃圾处理量，kg/h；

Q_f：炉排机械燃烧强度，kg/(m^2 · h)。

炉排面积热负荷是在正常运转条件下，单位炉排面积在单位时间内所能承受的热量kJ/(m^2 · h)，可根据炉排材料及设计方式等因素而异，一般取 $1.25\times10^6 \sim 3.75\times10^6$ kJ/(m^2 · h)左右为宜。

3. 燃烧图在垃圾焚烧炉设计中的应用

(1) 燃烧图的概念

燃烧图给出了正常焚烧废物的范围，以及废物焚烧量与废物发热量的相互关系。同时界定了满足环保要求和正常燃烧的范围与添加燃油等辅助燃料的范围。燃烧图是废物焚烧，尤其是垃圾焚烧应用技术中的工程设计和运行指导图，特别对炉排型焚烧炉，具有重要的实际应用价值。

以城市生活垃圾为例，目前我国城市生活垃圾的热值正处于低热值(3 340 kJ/kg 以下)向高热值(7 500 kJ/kg 以上)过渡时期，且垃圾分类与特性具有动态变化的特点。针对目前城市生活垃圾特点，新建厂额定垃圾热值一般可根据焚烧炉的使用寿命来确定，如垃圾焚烧

炉使用寿命为 25～30 年，则额定垃圾低位热值可取在现有垃圾热值基础上预测到第 8 年左右时的垃圾热值作为额定垃圾热值，而不宜以现有垃圾热值作为额定垃圾热值。同时应注意，在焚烧厂初期运行过程中，应使垃圾热值处于额定热值与相应焚烧量下限热值之间，以保证垃圾正常燃烧。

在绘制焚烧图时，首先需要确定垃圾额定处理量；其次需要确定设计点即额定垃圾低位热值以及上、下限垃圾低位热值。这样就基本确定了垃圾焚烧炉的规模以及余热锅炉的蒸发量与蒸汽参数的关系。一般焚烧炉最低垃圾焚烧量取额定垃圾焚烧量的 70%（也有的取 65%左右）。另外，垃圾焚烧炉应有短时间 10%超负荷能力。这也是选择相关辅助设备的基本依据。这些运行条件同时是绘制焚烧图的必要条件。

需要特别指出，燃烧图中垃圾低位热值应是指进入垃圾焚烧炉时的热值，在垃圾运输、储存过程中，会因垃圾水分析出，导致热值提升。经测算，水分降低 1%，垃圾低位热值提高约 158～175 kJ/kg。燃烧图两种表现形式如图 6.23 所示。

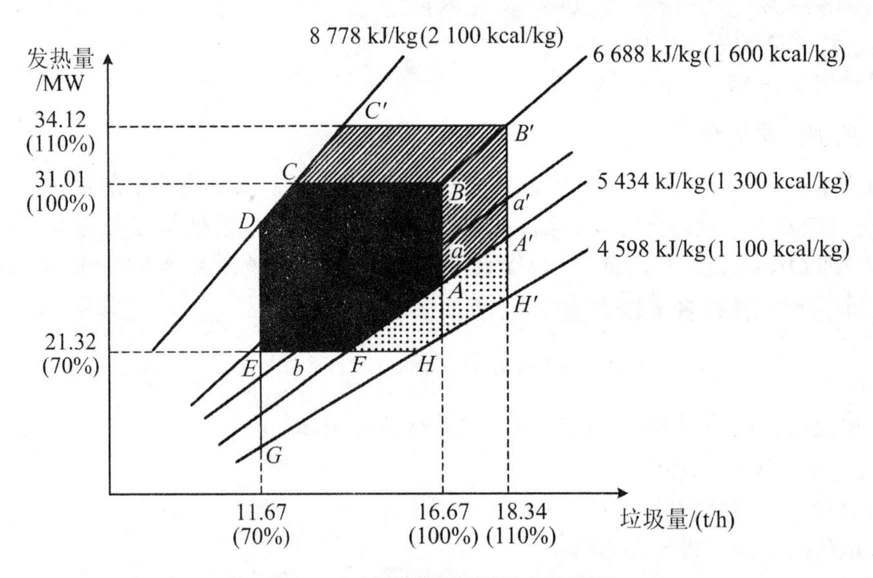

图 6.23 垃圾焚烧炉设计中燃烧图

(2) 燃烧图的绘制要点

① 确定坐标系

横坐标为垃圾处理量，单位为 t/h。在横坐标中应包含 70%～100%焚烧量的区间。纵坐标表示垃圾发热量，单位为 MW。

确定一束与纵、横坐标相对应的垃圾热值直线，即垃圾热值（热值线）等于发热量（纵坐标点）除以处理垃圾量（横坐标点），单位为 kJ/kg。该束热值线至少应包括额定热值线，上、下限热值线，当前垃圾热值线以及不需要添加辅助燃料的最低热值线。

② 确定焚烧炉工作区域

确定焚烧炉工作区域如图 6.23 所示，从横坐标 100%负荷处作垂线，分别交额定热值线于 B 点，交不添加辅助燃料的下限热值线于 A 点，交当前垃圾热值线于 a 点，以及交不需要添加辅助燃料的最低热值线（如有）于 b 点；从 B 点作平行于横坐标的线段，交上限热值线于 C，与纵轴交点于 G 点，交额定热值线于 E 点，从 E 点作平行于坐标横轴的 EF 线，交下限热值于 F，交不需要添加辅助燃料的最低热值线（如有）于 b 点。

如 C、D 两点重合，表示焚烧炉运行达到上限极点，如该重合点位于上限热值线右侧，则表示超出焚烧炉运行范围，需要调低垃圾上限热值。如 A、F 点重合，表示焚烧炉运行达到下限极点，如重合点位于下限热值线的左侧，则适当下调 EF，使 F 点与 A 点重合；但如焚烧炉供应商不能认可，则表示超出焚烧炉运行范围，需要调高垃圾下限热值。

多边形 ABCDEFA 围成的区域为焚烧炉工作范围。

从横坐标 110%负荷点处作垂线，分别交下限垃圾热值、额定垃圾热值于 A'、B'点；再沿 B'点作平行于横轴的线段，交上限垃圾热值线于 C'点。

多边形 $ABCC'B'A'A$ 围成的区域为焚烧炉超负荷工作范围。应说明的是焚烧炉在超负荷范围内的工作时间应是短时的，超负荷工作时间过长将缩短设备使用寿命。一般每次超负荷时间不超过 2 h，每天最多两次。

如果下限热值达不到焚烧炉不需要添加辅助燃料（多采用 0 号轻柴油）的正常工作要求，应表示超出辅助燃料的工作范围。

(3) 对燃烧图基本分析

① B 点表示焚烧炉额定工况下的工作点。从线段 BC 的 B 点到 C 点表示垃圾处理量逐渐减少，但总垃圾热值恒定不变，这是焚烧炉正常工作的最大热负荷，表示垃圾焚烧锅炉正常工作的上限，也是确定燃烧室容积热负荷、炉膛容积，以及风机、烟气净化设施、受电设备等容量的上限。

② 线段 AB 表示焚烧炉在 100%垃圾处理量条件下正常工作的区间。在此范围内，垃圾发热量将随着垃圾热值的变化而变化，但均能保证垃圾热灼减率的要求。

③ A 点表示焚烧炉在 100%垃圾处理量条件下正常工作的下限。炉排燃烧速率（即机械负荷）与炉排面积，以及蒸汽空气加热器、辅助燃烧设备容量是按此点参数确定的。

④ 从线段 CD 的 C 点到 D 点，表示垃圾处理量逐渐减少，总垃圾热值降低，偏离额定炉膛热负载。

⑤ E 点表示焚烧炉正常工作的最低垃圾处理量及最低垃圾发热量。

⑥ 折线 EFA 表示维持焚烧炉稳定燃烧，保证规定的炉渣热灼减量的下限。EFA 线以下（尽管沿线段 FA 总垃圾发热量逐渐增加），炉渣热灼减率不能保证。

⑦ 如设计点 F 工况下不能保证垃圾热酌减率的要求，则需要根据发热量适当将 F 点沿 FA 线段向上移动到 F'（图中未表示出）。此时 EFF' 区域也属于需要添加辅助燃料区。

6.3.6 焚烧尾气冷却/废热回收系统

在焚烧过程中产生的大量废热，使焚烧炉燃烧室产生烟气温度高达 850～1 000 ℃，现代化的焚烧系统通常设有焚烧尾气冷却/废热回收系统，其功能是：

(1) 调节焚烧尾气温度，使之冷却至 220～300 ℃之间，以便进入尾气净化系统。一般尾气净化处理设备仅适于在 300 ℃内的温度操作，故若焚烧炉所排放的高温气体尾气调节或操作不当，会降低尾气处理设备的效率及寿命，造成焚烧炉处理量的减少，甚至还会导致焚烧炉被迫停炉。

(2) 回收废热，通过各种方式利用废热，降低焚烧处理费用。目前所有大中型垃圾焚烧厂几乎均设置了汽电共生系统。

1. 废气冷却方式

尾气的冷却可分为直接式及间接式两种类型。

直接式冷却是利用惰性介质直接与尾气接触以吸收热量，达到冷却及温度调节的目的。水具有较高的蒸发热(约 2 500 kJ/kg)，可以有效降低尾气温度，产生的水蒸气不会造成污染，因此水是最常使用的介质。空气的冷却效果很差，必须引入大量空气，会造成尾气处理系统容量增加(2～4 倍多，视进气温度而异)，很少单独使用。

间接冷却方式是利用传热介质(空气、水等)经废热锅炉、换热器、空气预热器等热交换设备，以降低尾气温度，同时回收废热，产生水蒸气或加热燃烧所需的空气。

直接喷水冷却与间接冷却是调节及冷却焚烧尾气的最常用的两种方式，其优缺点、适用条件和范围如表 6.7 所示。一般来说，采用间接冷却方式可提高热量回收效率，产生水蒸气并用于发电，但投资及维护费用也较高，系统的稳定性较低；直接喷水冷却可降低初期投资及增加系统稳定性，但不仅造成水量的消耗，而且浪费能源。

表 6.7 间接冷却与喷水冷却方式的比较

序号	项 目	废气冷却方式	
		间接冷却	喷水冷却
1	垃圾处理量	适合单炉处理量大于 150 t/d	适合单炉处理量小于 150 t/d
2	垃圾发热量	适合热值大于 7 500 kJ/kg	适合热值小于 6 300 kJ/kg
3	废气冷却效果	冷却较安定、效果佳	冷却效果较不稳定
4	废气量及处理设备	废气中水蒸气含量少，处理量小	废气中水蒸气含量多，处理量大
5	设备使用年限	废气中含水率较少，不易腐蚀，使用年限长	废气中含水率较高，较易腐蚀，使用年限较短
6	废热利用	可汽电共生，废热利用率高	废热利用率低
7	建造费用	高	低
8	运营管理费用	较高	较低
9	操作管理	要求高	要求一般

中小型焚烧厂多采用批次方式或准连续式的操作方式，产生的热量较小，热量回收利用不易或废热回收的经济效益差，大多采用喷水冷却方式来降低焚烧炉废气温度。如果焚烧炉每炉的垃圾处理量达 150 t/d，且垃圾热值达 7 500 kJ/kg 以上时，燃烧废气的冷却方式宜采用废热锅炉进行冷却。大型垃圾焚烧厂具有规模经济的效果，宜采用废热锅炉冷却燃烧废气，产生水蒸气，用于发电。

2. 生活垃圾焚烧废热回收利用方式及途径

垃圾焚烧所产生的废热有多种再利用方式，包括水冷却型、半废热回收型及全废热回收型三大类。所产生的低压蒸汽及高压蒸汽的利用途径如表 6.8 所示。

表 6.8　垃圾焚烧废热回收利用方式

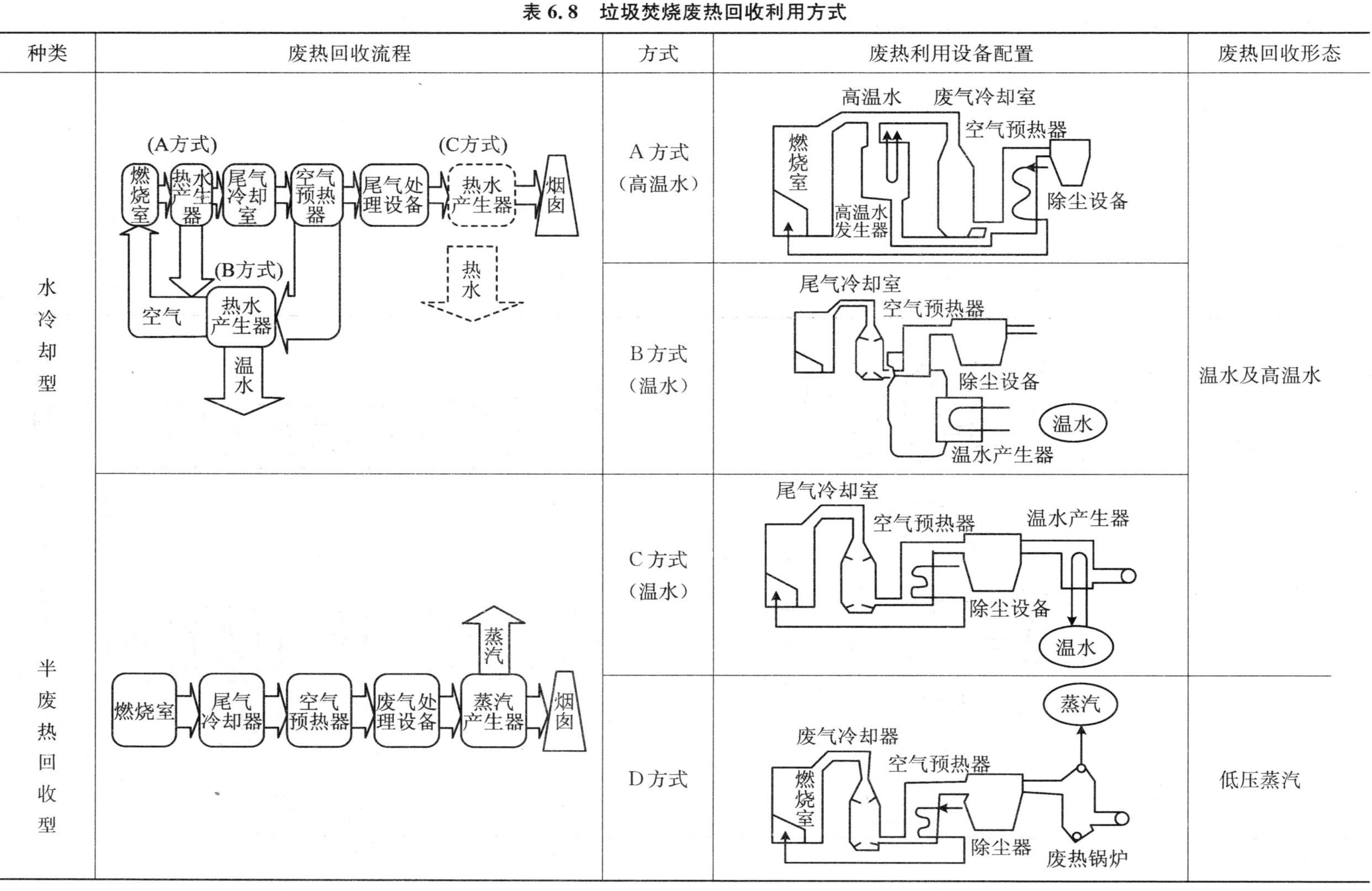

种类	废热回收流程	方式	废热利用设备配置	废热回收形态
水冷却型	(A方式) 燃烧室 → 热水产生器 → 尾气冷却室 → 空气预热器 → 尾气处理设备 → (C方式) 热水产生器 → 烟囱；热水；(B方式) 热水产生器；空气；温水	A 方式（高温水）	高温水　废气冷却室　空气预热器　燃烧室　高温水发生器　除尘设备	温水及高温水
		B 方式（温水）	尾气冷却室　空气预热器　除尘设备　温水　温水产生器	
半废热回收型	燃烧室 → 尾气冷却器 → 空气预热器 → 废气处理设备 → 蒸汽产生器 → 烟囱；蒸汽	C 方式（温水）	尾气冷却室　空气预热器　温水产生器　除尘设备　温水	
		D 方式	蒸汽　废气冷却器　空气预热器　燃烧室　除尘器　废热锅炉	低压蒸汽

续表

种类	废热回收流程	方式	废热利用设备配置	废热回收形态
半废热回收型	燃烧室 → 废热锅炉（→ 蒸汽）→ 尾气冷却器 → 空气预热器 → 废气处理设备 → 烟囱	E 方式	蒸汽 废气冷却室 燃烧室 废热锅炉 除尘设备	高压蒸汽
全废热回收型	燃烧室 → 废热锅炉 → 废气处理设备 → 烟囱	F 方式	蒸汽 燃烧室 废热锅炉 除尘设备	高压蒸汽

(1) 厂内辅助设备自用。如焚烧厂所处理的垃圾含水率较高、热值较低，可利用蒸汽预热助燃空气，使其自室温提升150～200℃，促进燃烧效果；或用蒸汽将废气温度于排放前再加热至约130℃，以避免因设置湿式洗烟装置而产生白烟现象。

(2) 厂内发电。由于发电后产生电能极易输入各地的公共电力供应系统，垃圾焚烧厂产生的蒸汽，普遍被用于推动汽轮发电机以产生电力，构成汽电共生系统。所产生的电力约有10%～20%作为厂内使用，其余则售予电力公司。

(3) 供应附近工厂或医院的加热或消毒用。当焚烧厂与用户的距离不远时，一般用管路将蒸汽送至厂区附近的工厂或医院，供其生产、生活、取暖或消毒设备使用，凝结水则返送回焚烧厂循环使用。但双方必须对蒸汽条件、供应量、供应时段、备用汽源、管线维护、收费标准及合约期限等有关事宜达成协定。目前，以美国采取此种利用方式居多，其次为欧洲地区，日本较少。

(4) 供应附近发电厂当作辅助蒸汽。可将所产生的蒸汽送到附近的发电厂，配合发电。但焚烧厂产生的蒸汽条件必须与发电厂的蒸汽条件相互一致。此种利用方式亦以美国及欧洲地区较多。

(5) 供应区域性暖气系统蒸汽使用。此种利用方式包括两种情况，一种是将所产生的蒸汽经热交换器，产生约80～120℃的热水，然后进入区域性的暖气或热水管路网中；另一种方式系直接将蒸汽输送到地区性热能供应站，经该厂的热交换器，产生不同形式的热能，以供应社区取暖用。此种利用方式主要用于寒冷地区(如欧、美地区)，尤其于已设有供应热水管路系统的地区，可直接并联操作，作为系统中的基本负载。

(6) 供应休闲福利设施。以管路供应厂区附近民众休闲福利设施中所需的蒸汽或热水，例如温水游泳池、公用浴室及温室花房等。

目前大型垃圾焚烧厂偏重于采用汽电共生系统回收能源，以生产高温高压蒸汽为主，用于发电。原因可归纳如下：

(1) 维持较高的垃圾处理的可靠度。汽电共生系统中因设有锅炉来冷却高温废气，并有燃烧控制，因此废气的量与质均较为稳定，另一方面因使用蒸汽式空气预热器，可提高废热回收效率，避免腐蚀，降低各项设备故障率，提高全厂运转效率，增加系统可靠度。

(2) 提高全厂运转安全性。平常全厂运转可使用汽电共生系统的自发电力，外部电力降为备用。若采用喷水冷却法，一遇区域性停电，不仅降低全厂运转率及有效垃圾处理量，亦将影响全厂的操作安全。

(3) 回收能源、降低运行成本。设置汽电共生系统可回收大量废热发电，厂内所需电力一般为总发电量的15%～20%，剩余电力可供出售，进一步降低营运成本。

3. 废热锅炉

废热锅炉(又称热回收锅炉)是利用燃烧或化学程序尾气的废热为热源，以产生蒸汽的设备。利用废热锅炉降低尾气温度及回收废热的优点是：单位面积传热速率高，可耐较高温度，材料不受限制，体积较小，安装费用低；不需准确地控制气体及水的流量，在进气温度变化大时能承受蒸汽压力的改变，维持尾气温度的稳定；产生的蒸汽可供工程使用。

焚烧系统中的废热锅炉必须考虑的问题包括：焚烧尾气中的粉尘特性及含量，磨损及腐蚀的问题，积垢及积垢清除，废物热值变化，焚烧的操作温度，以及蒸汽利用方式。

(1) 种类

锅炉的分类可按管内流体种类、炉水循环方式、热传方式及构造配置等加以分类，常用管内流体种类及炉水循环方式加以分类。

按管内流体种类，锅炉可分为烟管式(或称为火管式)及水管式两种。所谓烟管式锅炉即锅炉传热管管内流体为燃烧气体；水管式锅炉即锅炉传热管管内流体为水。

按锅炉炉水循环方式，锅炉可分为：自然循环式、强制循环式和贯流循环式。自然循环式的原理为管内炉水受热后变成汽水混合物，使得流体密度减小，形成上升管，而饱和水因密度较大，在管内由上往下流动，形成降流管，在降流管与上升管两者之间因密度差而自然产生循环流动，称为自然循环式锅炉。锅炉的压力愈低，其饱和水与饱和蒸汽间的密度差愈大，炉水循环效果愈佳，因此自然循环式广泛被运用于中低压的锅炉系统中。强制循环式锅炉的炉水循环系统靠锅炉水循环泵带动，主要应用于高压锅炉系统中。

(2) 城市垃圾焚烧厂废热锅炉

中小型模组式焚烧炉多采用水平烟管式废热回收锅炉，其锅炉可设置在二次燃烧室上方或侧面。大型垃圾焚烧厂因考虑其构造型式及操作实用性，以水管式较佳。

废热锅炉回收的效率取决于所产生的过饱和蒸汽条件。目前大型垃圾焚烧厂使用的废热锅炉系统多采用中温中压蒸汽系统，炉水循环方式多采用自然循环式，主要由燃烧室水管墙、锅炉内管群、汽水鼓和水鼓、过热器、节热器及空气预热器等组成。废热锅炉的主要部件名称及位置如图 6.24 所示。日本早期垃圾焚烧厂的蒸汽条件为 2.5 MPa(绝压)，280 ℃左右，采用低温低压形式，以纯粹焚烧垃圾为主，不考虑能源回收；德国目前的垃圾焚烧厂蒸汽条件为 3.5 MPa(绝压)，350 ℃到 4.5 MPa(绝压)，450 ℃，采用中温中压型式，以避免炉管高温腐蚀为主；美国的焚烧厂多为民营，因考虑发电收入，故多采用高温高压方式，以提高能源回收效率，故一般多将蒸汽条件设计在 5.2 MPa(绝压)，420 ℃以上，并采用较好的炉管材质，以减缓腐蚀的发生。

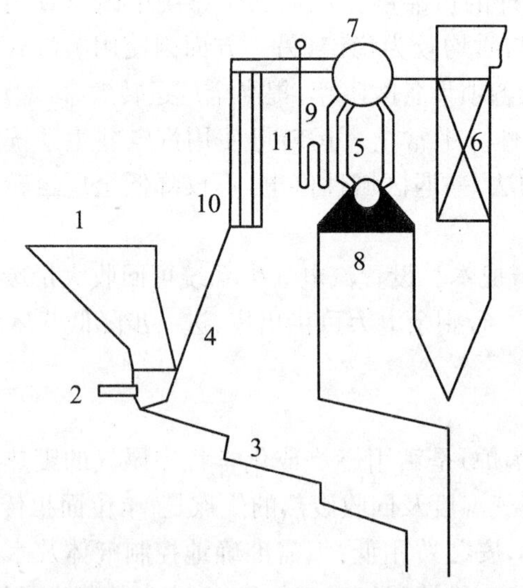

1—垃圾入口；2—垃圾进料器；3—炉床；4—燃烧室；5—锅炉本体管群；
6—节热器；7—汽水鼓；8—水鼓；9—过热器；10—集管器；11—水管墙

图 6.24 大型垃圾焚烧厂炉水循环式废热锅炉主要部件及名称

6.3.7　空气供给系统

焚烧炉所需空气由一次风和二次风供给，一、二次风经过空气预热器被加热，一次风由炉底经布风板送入炉膛内，将炉膛内固体燃料吹起呈悬浮沸腾状态燃烧，适量的二次风在上方送入，确保炉膛中的气态可燃物充分燃尽，以避免“二噁英”的产生。一、二次风的风道吸风口设在生活垃圾的垃圾池和炉前料仓处，可以防止垃圾池和料仓内生活垃圾产生的不良气体四处扩散，将垃圾池和料仓内生活垃圾产生的有害气体送入炉膛内燃烧。

6.3.8　烟气净化系统

1. 生活垃圾焚烧厂烟气组成

在城市生活垃圾焚烧处理过程中，会产生大量空气污染物，主要包括烟尘、酸性气体（NO_x、SO_x、CO、HCl等）、重金属（Hg、Cr、Pb等）以及有机污染物（主要为二噁英）。

（1）烟尘：烟尘是指伴随燃料燃烧所产生的尘，烟尘中含有大量粒状浮游物，如烟黑、飞灰等。目前人们仍不太清楚烟黑等浮游物的污染发生机制，但基本可以认为是燃料中的可燃性碳氢化合物在高温下经氧化、分解、脱氢、环化和缩合等一系列复杂反应而形成。

（2）SO_x：来源于含硫生活垃圾的高温氧化过程。

（3）NO_x：来源于生活垃圾焚烧过程中N_2和O_2的氧化反应及含氮有机物的燃烧，其中95%为NO，NO_2所占比例很少。

（4）CO：由于生活垃圾中有机可燃物不完全燃烧产生。

（5）重金属：金属类污染物通常来源于垃圾焚烧过程中生活垃圾所含有的重金属及其化合物。

（6）有机污染物：垃圾焚烧过程中有机污染物产生途径主要有：

① 生活垃圾本身所包含的微量二噁英在高温条件下分解，但由于热稳定性，只有少量二噁英会随烟气排放；

② 在燃烧过程中有氯源生成，大部分在高温条件下会被分解，少量排除；

③ 当燃烧不充分时，烟气中会产生过多的未燃尽物质，在300～500℃条件下，已分解的二噁英会重新生成。

2. 生活垃圾焚烧厂烟气排放标准

目前国内大多数生活垃圾厂以《生活垃圾焚烧污染控制标准》（GB 18485—2001）为标准进行建设。烟气排放标准如表6.9所示。

表6.9　烟气主要污染物排放标准

污染物名称	单　位	GB 18485—2001	欧盟1992	EU2000/76/EC
烟尘	mg/m^3	80	30	10
HCl	mg/m^3	75	50	10

续表

污染物名称	单 位	GB 18485—2001	欧盟 1992	EU2000/76/EC
HF	mg/m^3	—	2	1
SO_x	mg/m^3	260	300	50
NO_x	mg/m^3	400	—	200
CO	mg/m^3	150	100	50
TOC	mg/m^3	—	20	10
Hg	mg/m^3	0.2	0.1	0.05
Cd	mg/m^3	0.1	0.1	0.05
Pb	mg/m^3	1.6	—	≤0.5
其他重金属	mg/m^3	—	6	≤0.5
二噁英类	mg/m^3	1.0	0.1	0.1

3. 垃圾焚烧烟气处理流程

(1) NO_x的控制系统：NO_x的处理工艺为选择性非催化还原法(SNCR)，SNCR 脱除NO_x的技术是把含有 NH_x基团的还原剂喷入炉膛(800～1 100 ℃的区域)，该还原剂首先热分解成 NH_3，与烟气中的 NO_x反应生成 N_2，SNCR 工艺脱氮效率约为 50%，NO_x排放浓度能够低于 200 mg/m^3，可以达到设计排放指标。

(2) 降温塔系统：来自锅炉的烟气首先进入降温塔，将烟气温度由 200 ℃降至 150 ℃，以满足后续的袋式除尘的要求。降温塔由冷却装置与飞灰排出装置组成，冷却水被压缩空气雾化后喷入降温塔内与烟气直接接触，降温塔的高度需要设置的足够高以确保喷入的雾化水可以完全蒸发。降温的同时烟气中部分的粉尘落入降温塔塔底的料斗中，然后经输送机送至飞灰贮仓。

(3) 熟石灰及活性炭喷射系统：熟石灰与活性炭均用喷射风机喷入降温塔与袋式除尘器之间的管道中，在此，熟石灰与烟气中的酸性气体进行反应，可以去除烟气中 70%的 HCl 与 30%的 SO_2。活性炭将吸收烟气中的二噁英和重金属等有害物质。与熟石灰和活性炭反应后的烟气带着飞灰和各种粉尘进入袋式除尘器。

(4) 袋式除尘器：从降温塔来的烟气，经熟石灰及活性炭喷射系统进行除酸和吸附后，再进入袋式除尘器，从隔仓顶部排出；焚烧产生的烟尘、消石灰反应剂和生成物、凝结的重金属、喷入的活性炭等各种颗粒物均附着于滤袋表面，形成一层滤饼；烟气中的剩余酸性气体在此与过量的反应剂进一步起反应，使酸性气体的去除率进一步提高；活性炭也在滤袋表面进一步起吸附作用；附着于滤袋外表面的飞灰经压缩空气反吹排入除尘器灰斗，飞灰经输灰系统排出。

(5) 湿式洗涤塔：自袋式除尘器出来的烟气从湿式洗涤塔底部进入向上运行，与向下喷射的碱液充分接触，将烟气温度逐渐降低，同时碱液与烟气中的部分酸性气体进行反应，生成盐类。碱液应定期补充，生成的含盐溶液及时排除。具体流程如图 6.25 所示。

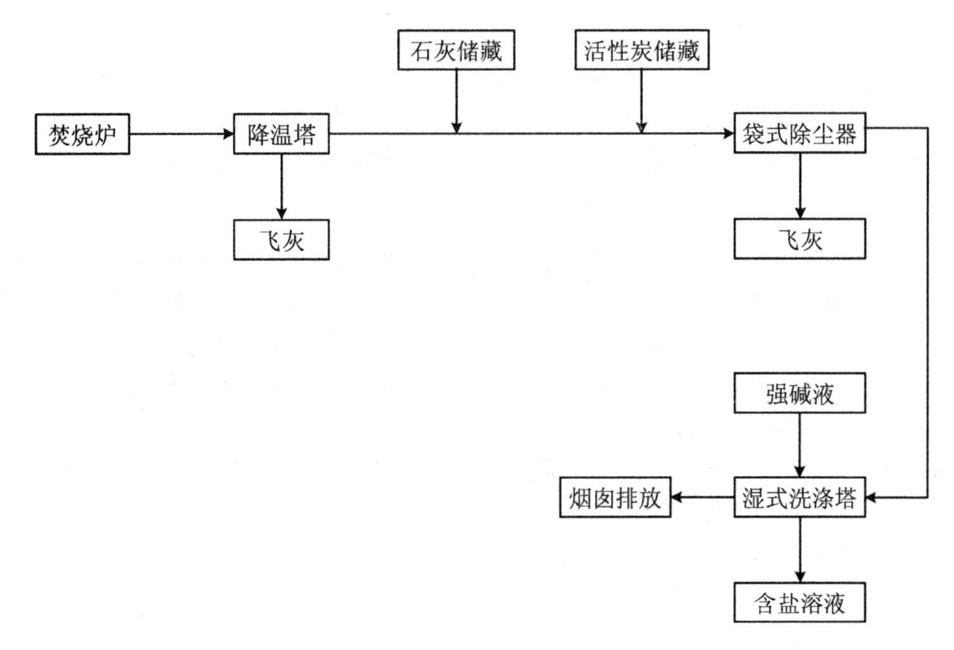

图 6.25　垃圾焚烧后烟气处理流程图

6.3.9　飞灰的处理

1. 飞灰的产生

垃圾焚烧飞灰是生活垃圾焚烧后在热回收利用系统、烟气净化系统收集的物质。飞灰的产量与垃圾种类、焚烧条件、焚烧炉型及烟气处理工艺有关，一般占垃圾焚烧量的 3%～5%。分析表明：垃圾焚烧飞灰并不是化学惰性物质，其中有含量较高的能被水浸出的 Cd、Pb、Zn、Cr 等多种有害重金属物质和盐类，若处理不当，将会造成重金属迁移，污染地下水、土壤及空气。检验结果表明，垃圾焚烧炉会使周边区域内大气中的重金属污染增加 20%左右。同时，飞灰中的二噁英也是潜在的重要环境污染物。由于垃圾焚烧飞灰中的重金属和二噁英等难于自然降解，因此其对环境的影响十分严重。

2. 飞灰的危害

城市生活垃圾中所含的重金属在焚烧过程中会发生迁移和转化，其中有很大一部分富集在飞灰中。通过我国危险废物浸出毒性浸出方法标准或美国 TCLP 方法测试结果都表明浸出液中某些重金属浸出量超标，因此生活垃圾焚烧飞灰属于危险废物，《国家危险废物名录》把固体废物焚烧飞灰列入危险废物编号 HW18。

3. 飞灰的固化/稳定化方法

根据垃圾成分的不同，目前国内外对垃圾焚烧飞灰通常采用的处理方法有：

① 经过适当处理按危险废物填埋，但处理成本较高。

② 固化与稳定化。主要有水泥固化、沥青固化、熔融固化、化学药剂固化稳定化等。经

过固化的飞灰，如符合浸出毒性标准的要求，则可以按普通废物填埋处理。其主要作用是使飞灰中的重金属及其污染组分呈现化学惰性或被包容起来，以便运输和处理，并可降低污染物的毒性和减少其向生态圈的迁移率；

③ 将重金属与飞灰分离，分别进行资源化处理、如酸提取、碱提取、生物提取等。

(1) 水泥固化法

固化处理是利用固化剂与垃圾焚烧飞灰混合后形成固化体，从而减少重金属的溶出。水泥是最常见的危险废物固化剂，飞灰被掺入水泥的基质中后，在一系列的物理、化学作用下，使污染物在废物水泥基质体系中的迁移率减小。但在对垃圾焚烧飞灰进行处理后发现，处理后的砌块难以达到较高的强度，另外在研究飞灰中的重金属浸出时发现，由于受飞灰中氯离子的影响，经固化后的砌块中铁、铜、锌等离子容易浸出而导致污染物超标。因此，尽管水泥固化处理飞灰具有工艺成熟、操作简单、处理成本低等优点，但由于垃圾焚烧飞灰中含有较高的氯离子，采用水泥固化法处理时必须进行前处理，以减少氯离子对固化后砌块的机械性能以及后期重金属离子浸出等的影响，但这样在很大程度上提高了对飞灰处置工艺建设和运行的要求，造成成本增加，在实际操作中限制了该方法的使用。

(2) 熔融固化技术

① 烧结法：烧结法是将待处理的危险废物与细小的玻璃质，如玻璃屑、玻璃粉混合，经混合造粒成型后，在 1 000～1 100 ℃高温熔融下形成玻璃固化体，借助玻璃体的致密结晶结构，确保固体化的永久稳定。但该方法需充分结合化学稳定和熔融处理工艺才能降低垃圾焚烧飞灰对环境的危害。

② 熔融法：熔融法是在燃料炉内利用燃料或电将垃圾焚烧飞灰加热到 1 400 ℃左右的高温，使飞灰熔融后经过一定的程序冷却变成熔渣，熔渣可作为建筑材料，实现飞灰减容化、无害化、资源化的目的。熔融固化需要将大量物料加温到熔点以上，无论采用电或其他燃料，需要的能源和费用都相当高。相对于其他处理技术，熔融固化的最大优点是可以得到高质量的建筑材料。

③ 湿式化学处理法：飞灰湿式化学处理法有加酸萃取和烟气中和碳酸化法等，该工艺运行成本低，可回收重金属和盐类，但产生的废水、废气和污泥需要进行必要的处理，目前很少在实际工艺中应用。

④ 安全填埋法：安全填埋法是将垃圾焚烧飞灰在现场进行简单处理后，送入安全填埋场填埋的方法，这是目前垃圾焚烧飞灰处理最安全可靠的手段之一。但安全填埋场的建设和运行费用居高不下，垃圾焚烧处理厂通常难以承受，同时也不能达到减容化和资源化的目的，因此今后会逐渐减少这种方法的应用。

⑤ 药剂稳定法：药剂稳定化技术以处理重金属废物为目的，目前已经发展了多种重金属稳定化技术，如 pH 值控制技术、氧化-还原电势控制技术、沉淀技术、吸附技术和离子交换技术等。这类技术目前在垃圾焚烧飞灰稳定化处理方面应用较少，但是一个发展方向。尤其是药剂稳定化与其他稳定化方法相比较具有工艺简单、稳定效果好、费用低等优点。常见的化学稳定药剂如表 6.10 所示。

表6.10　常用化学稳定剂的比较

药　剂	效　果	药品用量	经济型
有机螯合剂	对所测的重金属都有效,效果全面,但对环境pH值要求高	2～6 kg/t干灰	药剂费50～130元/t飞灰,但是适用于飞灰处理的螯合剂极少,为专利产品,使用工艺处理受制约。
绿矾	对所测的重金属都有效,效果全面	100～150 kg/t干灰	药剂费30～55/t飞灰,经济易得,安全可靠,使处理工艺自主性强。
硫化钠	效果良好	50～200 kg/t干灰	药剂费90～360元/t飞灰,但市场需求大,不能完全保证飞灰处理的需求。
磷酸盐	效果良好,对Pb尤其有效	30～70 kg/t干灰	以磷酸氢二钠为例,药剂费常温下为240～810元/t,费用高,不经济。

6.3.10　二噁英的处理

1. 二噁英的危害

(1) 致癌性:二噁英是一种极强的致癌剂,它可以引起多系统多部位的恶性肿瘤。

(2) 急性毒性作用:二噁英的急性毒性作用可致人和动物死亡。在1968年,日本曾发生多环芳烃污染米糖油事件,造成几十万只鸡和16人死亡。二噁英的致死作用在中毒几周后才能表现出来,不像其他毒物在几小时或几天内就能表现出来,故称延迟至死作用。

(3) 对免疫系统的影响:二噁英可以同时抑制体液免疫和细胞免疫。二噁英也可以抑制辅助性T细胞功能,对骨髓、胸腺、肝脏、肺脏中的淋巴干细胞、NK细胞都有毒性作用。

2. 二噁英的防治措施

(1) 垃圾预处理对二噁英的控制

通过模拟垃圾成分燃烧试验,证实了烟气中含有的大量氯化物是二噁英中氯元素的主要来源。因此在对原生垃圾进行处理时,尽量减少垃圾中含氯有机物和重金属的含量,将原生垃圾制成垃圾衍生燃料,能够大大降低焚烧过程中二噁英的产生。

(2) 焚烧炉内对二噁英的控制

① 燃烧参数的控制:研究表明,良好的燃烧条件是控制二噁英排放的措施之一,《生活垃圾焚烧污染控制标准》进一步确定了生活垃圾焚烧技术在性能指标上应该满足国际通用的"3T+1E"原则:即炉膛内的任一点处温度都不小于850 ℃;垃圾在焚烧炉内的停留时间不少于2 s;保持充分的气固湍流程度;以及过量的空气,保持烟气中O_2的浓度处于6%～11%。垃圾在炉膛内的充分燃烧,有效地消除了垃圾中原本存在的二噁英,避免了未完全燃烧产生的有机碳和CO为二噁英的二次合成提供碳源。

② 炉膛结构的影响:国内垃圾焚烧厂主要采用的焚烧炉为循环流化床和炉排炉。实际

使用中发现炉排炉的飞灰中二噁英含量远高于循环流化床焚烧炉。而日本等国家现采用的气化熔融焚烧技术，在焚烧温度高于1 300 ℃的条件下，不仅能分解二噁英的前提物，还可以将大部分飞灰熔融固化，防止在下游设备上由氯化有机物、金属氯盐催化剂、氧气和水分子在低温区（250～400 ℃）下重新合成二噁英。随着对二噁英控制要求指标越来越高，垃圾焚烧设备也应从炉排炉、回转窑和流化床等传统垃圾焚烧技术发展为二噁英“零排放”的气化熔融焚烧技术。

(3) 烟气净化对二噁英的控制

在焚烧烟气净化阶段，使用布袋除尘及活性炭吸附，可最大限度地降低最终排出烟气中二噁英的含量。布袋除尘是我国规定在垃圾焚烧发电厂烟气净化中必须使用的除尘方式。而活性炭具有巨大的表面积及良好的吸附性能，能同时吸附烟气中固态和气态的二噁英组分。

第 7 章　工程设计所需的其他专业知识

7.1　土　　建

土建建设包括建筑设计和建筑结构设计。工业厂房的建筑设计是在符合生产工艺要求的前提下解决厂房的平面布置与立面处理。建筑设计还必须满足交通运输、采光、通风、卫生防火及辅助的要求，并要适当注意到建筑物和建筑群体造型美观的要求。结构设计是解决厂房和构筑物具有足够强度和稳定性，满足遮盖生产设备及其辅助面积，或用以支承设备、储存物料、满足工艺生产要求的建筑结构问题。

生产性建筑可分为单层工业建筑物、多层工业建筑物、构筑物三类。

储库、成品库、机修车间、空压机房、材料库、堆场、重型破碎机房等多采用单层工业建筑厂房，采用钢筋混凝土排架结构。大跨度厂房往往采用钢结构。

对于设备须在一定高度范围内串联即需多个楼层安装设备以完成工序的车间，诸如工业固体废弃物的球磨、混合、煅烧、电磁分离分选等，则采用多层工业建筑厂房，采用钢筋混凝土框架结构。

构筑物或工程建筑，是指地坑、地沟、水塔、烟囱、料仓、圆库、大型设备基础、热工构筑物等。除热工构筑物外，多采用钢筋混凝土结构。

为增加理解，从以下几方面说明有关土建的举措：

① 国家地震局、原建设部震发办（1992）160 号文“关于发布《中国地震烈度区划图（1990）》和《中国地震烈度区划图（1990）》使用的通知”，厂址所在地区的地震烈度为Ⅵ度。以此作为厂房的抗震设计依据。

② 当地的基本风压为 $W_0=0.4\ \mathrm{kPa}$，基本雪压为 $S_0=0.4\ \mathrm{kPa}$。以此作为厂房所应承受荷载之一。

③ 基础工程：一般采用天然地基（地基承载力标准值 $f_k=180\sim650\ \mathrm{kPa}$）。框架柱下采用钢筋混凝土独立基础，砖混结构采用浆砌块石或毛石混凝土条形基础。对于较重建构物进行特殊处理，如窑尾采用筏形基础，生料库采用人工挖孔嵌岩桩，熟料库采用部分人工挖孔嵌岩桩。

④ 结构选型

a. 多层厂房　分离分选、球磨、煅烧等车间采用钢筋混凝土框架结构。

b. 单层厂房　堆场、硫酸渣预均化堆场等横向尺寸为 40 m 左右的长型大跨度建筑物，采用双向拱轻型钢结构或网架结构。

c. 输送走廊　采用大跨度下承式钢架，钢筋混凝土或钢柱支架，走道板为钢筋混凝土预制板。

d. 大型设备基础　窑基础、磨基础及其他大型设备基础采用钢筋混凝土门式或块式结构。

e. 厂房柱网应符合统一化规定，当厂房跨度小于 18 m 时，扩大模数取 3 m；当厂房跨度大于 18 m 时，扩大模数取 6 m；当厂房跨度小于 18 m 时，柱距的扩大模数取 6 m。

⑤ 建筑构造

a. 屋面　生产车间与生产辅助车间均为无组织排水，采用橡胶卷材防水。小面积钢筋混凝土屋面采用刚性防水。一般生产车间不设隔热层。控制室、值班室等设隔热层。大型钢屋架结构采用压型钢板屋面。

b. 墙面　框架填充墙采用轻质砌块，双面抹灰。承重墙外墙均抹灰。钢结构厂房采用彩色压型钢板。

c. 地面、楼面　一般生产车间采用混凝土地面，水泥砂浆楼面。控制室、整流室等要求较洁净的房间采用水磨石或其他块材的地面、楼面。

d. 地坑防水　地坑做掺 UEA 混凝土膨胀剂的防水混凝土；较深地坑做柔性防水。地坑伸缩缝采用橡胶止水带。

e. 门窗　生产车间的车行门、人行门均采用钢门。需隔声的控制室采用隔声门窗。可采用漏空砖进行车间的采光通风。洁净度要求高的辅助建筑采用塑钢门窗。有防火要求的建筑采用防火门窗。

f. 楼梯、栏杆　车间主楼梯采用钢筋混凝土楼梯。生产车间的交通梯均采用钢梯，角度一般为 45°、51°。各部位的栏杆均采用钢管栏杆。生产辅助建筑采用钢筋混凝土楼梯。

7.2　劳动卫生与职业卫生

7.2.1　设计依据

根据有关改善劳动条件、加强劳动保护的规定，为使工厂符合卫生安全要求，在设计中，对粉尘污染、噪声污染、大气污染、水污染、高温辐射、机伤、摔伤等职业危害和不安全因素，将依据“安全第一、预防为主”的方针及劳动安全和职业卫生设计标准，积极采用切合实际、经济合理、行之有效的先进技术，为工厂创造安全、文明的生产条件。

实施劳动安全与职业卫生的主要设计依据如下：

①《中华人民共和国固体废物污染环境防治法》；

②《城市垃圾产生源分类及垃圾排放》(CJ/T 3033—1996)；

③《生活垃圾焚烧处理工程技术规范》(CJJ 17—2004)；

④《危险废物焚烧污染控制标准》(GB 18484—2001)；

⑤《生活垃圾焚烧污染控制标准》(GB 18485—2001)；

⑥《工业企业设计卫生标准》(GB Z1—2002)；

⑦《建筑设计防火规范》(GB 50016—2006)；

⑧《工业企业噪声控制设计规定》(GBJ 87—85)。

7.2.2 职业卫生措施

1. 防尘

设计中应尽量减少不必要的输送环节、降低物料转运的落差、减少扬尘点、加强收尘、加强密封。正常情况下各车间岗位粉尘浓度均应低于《工业企业设计卫生标准》的要求。注意粉尘中游离二氧化硅的含量。

2. 防噪声

设计的重点是以保护岗位工人为主,采取综合防治措施。室内噪声低于 70 dB(A);高噪声场所不设固定岗位,只进行巡回检测。同时对巡回工人配备隔声耳罩等防护用品。

3. 通风降温

生产线上产生有毒异味气体、余热的车间、热地坑、潮湿地坑,均采用有组织的自然通风或机械通风排除有毒异味气体、余热、余湿等。一些因设备的性能与操作环境有关的地方如中央控制室、PLC 室应设置空调通风降温。

4. 建立生活辅助设施

建立如餐厅、浴室、医务室等生活辅助设施。

7.2.3 劳动安全措施

1. 防机伤

机械设备的传动部分均应设置防护罩或防护栏杆;为了保证重型设备检修时的安全应设置起重设备;在需要跨越胶带运输机、螺旋输送机等输送设备的地方,应设置人形过桥;凡集中控制的电力传动部分,应设置强制性声光开车信号;凡集中控制的均应在机旁设单机开停按钮及可以解除遥控的钥匙按钮。利用圆库储存物料,应设置带盖人孔、内设爬梯;大圆库下部相应设置人孔以保证检修时空气流通及进出方便。

2. 防摔伤

车间内的工作平台四周临空部分,按低于 10 m 和高于或等于 10 m 设置 1.05 m 和 1.2 m 的防护栏杆;车间内吊物孔设置活动盖板或活动栏杆;因场地有限而设置的爬梯、楼梯均应设置扶手;库顶、房顶若有检修的设备,库顶、房顶四周均应设不低于 1.2 m 的栏杆。

3. 安全用电

所有正常不带电的设备金属外壳采用接地或接零保护,110 kV、6 kV 高压线则采用接地保护;380 V/220 V 低压系统采用接零保护;工作接地、车间重复接地及建筑物防雷接地共用一个厂区接地网，其接地电阻小于 4 Ω。

4. 防雷

高于 15 m 的建筑物与构筑物均应设避雷针或避雷带，其接地装置充分利用建筑物的钢筋混凝土基础。

5. 防火与消防

参照《建筑设计防火规范》的规定，储存、制备燃料的车间属于乙类，其他多属于丁类、戊类。在重要车间或场所设置干粉灭火器；消防给水系统与现有合用，设消防栓。

6. 防爆

易燃易爆工段，设计中应采取一系列安全防爆措施。

7.3 给 水 排 水

7.3.1 全厂用水量

全厂用水量主要分生产用水、生活用水、消防用水三大块。生产用水用于设备冷却、冷却排污、余热发电等项；生活用水用于盥洗、辅助生产、绿化道路浇洒等项。这三方面的用水量可通过参照同类型厂家结合计算而得出；同时也要考虑到本厂是否有余热锅炉、是否有余热发电机组。设备冷却用水也可从设备图纸或说明书中查得；消防用水量也可根据建筑防火设计规范，在设定火灾次数与火灾延续时间后计算出来。因部分污水直接排出、部分水因蒸发损失、部分水形成产品出厂（如商品混凝土），总用水量实际上包括循环水量与补充新鲜水量两大部分。

7.3.2 给水水源及给水处理

对于总用水量不大的工厂，可将自来水作为主要水源，或除自来水外，开挖深井作为辅助水源。对于总用水量巨大的工厂，例如垃圾焚烧发电厂，在这种情况下，必须自设水源。水源有地下水与地表水。地下水有无压地下水、承压地下水和泉水；地表水有江、河、湖泊和水库水。由水泵汲水、输水管道进入给水处理场（厂）。给水处理场（厂）由反应池、沉淀池、滤池组成。

厂区生产冷却给水系统可为直流给水系统，也可为循环给水系统。直流给水系统不考虑设备冷却用水的回收利用，系统简单，但耗水量大。循环给水系统则将回水经适当处理后再循环使用，故可节约水量，但管网复杂，其流程是：由循环给水泵提供给各生产设备冷却用水，回水流至热水池，经上塔水泵送到冷却塔，再由循环水泵升压循环使用。为确保循环水质，旁设滤水处理设施。其循环率一般不小于 70%，最高可达 90%～96%。

生活、消防给水系统：通常建立生活与消防水池提供用水。仪表用水及绿化浇洒道路用水也由该系统供给。

7.3.3　排水

厂区排水分为雨水排除、生产废水排除、生活污水排除。雨水采用明沟排除，常有人处设置盖板。生产废水中的绝大部分设备冷却废水可直接排放；一小部分少量含油的废水须经除油后（含油浓度小于10 mg/L）方可排放；所有废水排入厂区排水系统；生活污水中含有大量有机物和病原体，这部分生活污水与部分生产中受污染的污水须经无害化处理，方可与雨水、生产废水一起排放。

7.3.4　需要配备的设施、设备

给排水系统需要配备水泵站与若干水泵、冷却塔、加氯机、加药装置、用于排除积水与清洗的潜水泵、循环水池、旋流反应池、滤池稳压水箱、过滤器等。

7.3.5　水压

各供水口的水压一般不小于0.25 MPa。需要提高水压处，另设置增压装置。

7.4　采暖通风

采暖通风的任务在于维持室内空气环境卫生条件，建立工作地区适宜的大气条件，包括厂房内空气的温度、湿度、流速和必需的纯洁度，以保护人体健康，保证生产安全和提高劳动生产率。

7.4.1　采暖

采暖的任务是使室内达到恒定和均匀的空气温度，以满足人体生理和生产技术的要求，采暖设备不应成为有害气体、尘埃和臭味等污染气体的来源。采暖系统通常有三个组成部分，即热发生器、供热管道和散热器。采暖系统基本上可分为两类：一类是局部采暖系统，特点是三个部分组成一体，如火炉、煤气炉和电炉等；另一类是中枢暖气系统，特点是一个热发生器可向一个车间、一个建筑物或全厂供应暖气。根据热媒的性质，采暖系统还可分为热水、蒸汽和热风采暖系统。

热水采暖系统以热水为传热介质，水在锅炉内加热后，沿热水管道流到采暖地区的散热器内。热水采暖系统的优点是能够保持均匀的室内温度，散热器表面温度不高，能够满足卫生要求，在使用时也不发生噪声。其缺点是封炉后，如重新生火，需要较长的时间才能达到要求的温度。蒸汽采暖系统是以水蒸气为传热介质，水在锅炉内加热汽化而变为蒸汽。由

于锅炉内蒸汽压力大于散热器内空气压力，因此锅炉中的蒸汽便沿着供汽管道进入散热器。蒸汽采暖系统按蒸汽压力分为真空式（低于大气压力）、低压蒸汽式（小于0.07 MPa）和高压蒸汽式（大于0.07 MPa）。蒸汽采暖的优点是传热迅速，缺点是温度不能调节，室内温度不均，散热器表面温度高，容易烫伤，且使用时产生噪声。

热风采暖是以热空气为传热介质。通风机吸入的空气，经加热器加热后，送入采暖房间。冷却后的空气再从排风管道返回加热器。如果需要不断送进新鲜空气，则热风采暖同时又起通风的作用。这种系统在体积大的厂房中被广泛采用。

7.4.2 通风

通风是将新鲜空气送入厂房，并将污浊的含有有害物质的空气从厂房中排出。在工厂中，每个生产厂房均有不同程度的热量、湿气和粉尘等有害物体的散发。这些有害物如不及时排除，将会影响操作人员的身体健康和产品质量，并可能发生火灾、爆炸等事故。

通风方法按其动力可分为自然通风和机械通风。

1. 自然通风

自然通风又可分为无组织的自然通风和有组织的自然通风两种。无组织的自然通风是利用建筑物的门、窗及缝隙进行自然换气，其风量无法控制，气流也很混乱。有组织的自然通风是利用温压和风压的作用而形成气流交换。

温压是由室内外温度差而造成的。当车间有余热时，室内空气温度高，所以重度小，室外空气温度低，所以重度大，这样，室外冷而重的空气就自下部窗口流入，室内热而轻的空气就自上部窗口排出，形成了自然通风。

风压是由风速的影响造成的。由于风在大气中的速度不同，在建筑物表面上形成的压力亦不同。同时，由于风在通过障碍物时的速度和气流的变化不同，风在建筑物的四面所形成的压力也不同。当风正面吹过建筑物时，在迎风面上，风速降低了，则风压增加，故在迎风面上形成了正压。而在房顶两侧及背面，由于气流宽度变窄，风速增加，形成了负压。如果在正压力区的建筑物外墙上开设窗孔或门，则空气将从背面负压区的开放口排出，形成空气的自然对流。

自然通风的优点是设备简单，比较经济，在高温车间通风效果尤其良好。其缺点是由于受外界自然条件的限制和影响，不能使车间得到满意的气象条件。

2. 机械通风

利用通风机的压力沿着通风管网输送空气的方法，称为机械通风。它可以保证室内的空气温度、湿度符合卫生要求，并使空气中所含的灰尘、有害气体和水蒸气减少到最低限度。

机械通风可分为全面机械通风和局部机械通风。

(1) 全面机械通风

指在厂房内全面进行空气交换。有进风系统和排风系统两部分，前者把新鲜空气均匀地送入车间，后者则从车间各部分排出由粉尘和有害气体污染过的空气。

(2) 局部机械通风

当全面通风达不到卫生要求或不经济时，可采用局部机械通风。局部机械通风是在有害物产生地点，用专设的通风设备把它们收集起来，直接排除出去。或者将处理过的合乎卫生要求的空气送到工作地点。常用的局部通风降温措施有风扇、空气淋浴器和局部排风机等方式。

在辐射强度小、空气温度不太高的车间，经常采用各种风扇来增加工作地区的风速以帮助人体散热。风扇的特点是构造简单、便宜、使用方便。喷雾风扇有加湿和降温的作用，常用于高温车间的局部通风降温。其特点是设备简单、使用灵活、降温效果好。

空气淋浴器是一种送入式的局部通风设备。它是将经过集中处理的空气按一定的速度直接送向工作人员长期停留或比较集中的地区。为了防止热辐射对人体的危害，还可对热源采取隔热措施，使其表面温度不超过 60 ℃，最好在 40 ℃以下。隔热方法可采用水套、水幕、空气隔热层、隔热材料等设施，以防止或减少发散的热量。

7.5 电气及过程自动化

7.5.1 供电、配电

工厂用电首先要满足用电量的要求，其次要求供电可靠。有的厂址远离供电系统，常需建立 10 kV、35 kV 或 110 kV 的长距离输电线路与降压变电站。

根据用电设备对供电可靠性的要求，工厂的电力负荷分为三级：突然停电将造成人身伤亡危险或设备重大损坏且难以修复，给国民经济带来重大损失的设备属一级负荷；突然停电将产生大量废品、大量原材料报废、大量减产，或将发生设备重大损坏事故，但采取适当措施能够避免的设备属二级负荷；其他用电设备属三级负荷。若工厂具有一级负荷，在确定供电方案时，必须考虑两个独立电源供电。供电方案一般有以下三种：

① 电力系统提供双电源，当一电源发生故障或停止供电时，另一电源满足工厂一、二级负荷的供电，维持工厂生产。

② 电力系统提供双电源，其中一为主电源，一为备用电源，当主电源发生故障或停止供电时，备用电源满足工厂一级负荷的供电。

③ 电力系统不能解决备用电源，只提供主电源满足工厂生产的需要时，工厂自备柴油发电机做保安电源。

受电电压取决于向工厂供电的电力系统的条件、送电点至工厂的距离以及工厂负荷的大小。一般当工厂规模较大或送电点较远时，常采用 35 kV 或 110 kV 受电；反之，常采用 6 kV 或 10 kV 受电。

若工厂配备有高压电动机，高压配电电压必须与高压电动机的电压相符。厂区配电站以 6 kV(或 10 kV)向全厂各高压电动机与车间变电所的 6 kV(或 10 kV)/0.4 kV 电力变压器放射式供电。

工厂采用自备的备用电源，因容量较小，多采用 380 V 低压直接向用电点送电，以减少变电损耗。

当采用直流电动机时，一般采用可控硅整流，直流电压一般为 440 V 与 220 V，激励直流多采用 220 V。

7.5.2 车间电力拖动

工厂的大部分机械设备常附有配套的电动机，但有时也需要在设备选型时一并考虑选择电动机。电动机的选择必须满足机械设备所需的电动机容量、力学性能、启动性能及转速和调速性能等要求，并应根据电动机的工作环境选择电动机的防护方式，根据供电条件选择电动机的额定电压，还须考虑到所选电动机的经济性。

交流异步电动机是工厂使用最广泛电动机。功率在 100 kW 以下、无调速要求的机械设备广泛采用鼠笼式异步电动机；要求在一定范围内能够调速的机械设备则采用绕线式电动机；要求在较大范围内能够调速的机械设备则采用电磁调速电动机。功率在 100 kW 以上、无调速要求的机械设备则考虑选用同步电动机。与异步电动机比较，同步电动机价格高、投资大，但能改善电网的功率因素，能节省运行费用。直流电动机可在相当大的范围内均匀平滑调速，且转速受负荷与电源电压影响很小，但较之交流异步电动机，其投资较大，维护复杂。

电动机转速的选择取决于机械设备对转速的要求。当机械设备对转速无特别要求时，多选用高速电动机，因其价格较低。若机械设备转速低而选用高速电动机，因变速比太大使减速装置复杂化，在这种情况下，一般可选用低速电动机，通过经济比较决定取舍。

我国交流电动机的额定电压，小型电动机有 220 V、380 V 两种；大、中型电动机有 380 V、3 000 V、6 000 V、10 000 V 等几种。一般来说，低压电动机价格比较便宜，目前多采用 380 V。高压电动机则可直接接在电压与之相符的高压配电线路上，无需再将电压降低。

电动机的防护形式须按电动机所处的工作环境来决定。封闭式电动机防尘性能较好，但散热性能较差，容量一般在 100 kW 以下。对于容量在 100 kW 以上者，选用防护式或开启式电动机。

工厂中由于机械设备多、安装分散，应考虑尽量将电气控制设备集中起来，实行远距离集中控制和电气设备间的连锁，有利于减少岗位操作工人、提高劳动生产率、改善劳动条件、保护设备与人身的安全、提高生产管理和技术水平、提高生产自动化的水平。电气设备的连锁包括生产流程所需的连锁与保护设备本身安全的连锁。在连续生产的流程中，当任一设备出现故障或发生事故而停机时，如前段来料设备不及时停机，必将造成物料堵塞的不良后果。因此必须考虑逆生产流程的连锁，使开机必须逆生产流程次序操作，停机时则必须顺生产流程次序操作；运转中当一台设备因事故停机时，来料方向的设备必须停止运转，而后续设备则继续运转直至物料运完。保护设备的连锁，例如机械的轴承润滑系统与主机的连锁、绕线式异步电动机的启动变阻器与电源开关的连锁，这些连锁应尽量利用，以防止操作失误或设备带故障运转造成损坏。

7.5.3 车间照明

车间照明主要是满足操作人员对生产设备运行、维护和检修的需要。工厂除一般照明之外，还采用局部照明与一般照明相结合的混合照明或分区照明。

工厂主要考虑正常照明和事故照明。在正常照明因故障熄灭有可能造成爆炸、火灾、人身伤亡、设备损坏、生产混乱的场所，如油库、总变电站、配电站、电话交换机房、水泵房、消防车库、警卫室与主要车间等，应装设暂时工作用的暂时事故照明。在各生产车间及主要通道、走廊、楼梯等处，正常照明因故熄灭时，易引起工伤事故或通行时易发生危险，应装设人员疏散时用的事故照明。此外，当工厂附近有飞机场时，必须在工厂最高的建筑物、构筑物上装设障碍标志用的障碍照明。在个别需要警戒的地带如火药库、油库等，也可设置警卫照明。车间正常照明电源多采用由变电所设置的单独照明回路供电。在主要生产车间内的事故照明如作为正常照明的一部分经常点燃，当照明电源发生故障熄灭时，事故照明应考虑自动切换到动力回路。在总变电所、配电站和电话交换机房等处，应装置直流电源的事故照明。

照明光源的选择应根据照明要求、使用场所的特点以及各种电光源的特性和适用范围而定。工厂中普遍采用白炽灯与荧光灯；室外、堆场、联合储库等处多采用高压汞灯或高压钠灯；大面积场所还可以采用长弧氙灯或金属卤化物灯。

工厂根据视觉工作分类，确定亮度对比与最低照度值。

照明电压一般为220 V。在潮湿、高温、有导电性能粉尘或导电地面的场所内，照明器的安装和使用不能符合安全要求时，则应采用36 V的安全电压。

7.5.4　工艺过程自动化及其设计

在现代工厂的生产过程中，自动化占据着重要位置。在20世纪80年代中后期，随着企业之间的竞争加剧，对工厂的自动化提出了更高的要求；同时，DCS（Distributed Control System）系统价格下降、各种小型PLC（Programmable Logic Controller）在各种单机控制装置上被广泛应用；现场总线的问世，使微机在价格下降的同时，性能成倍地提高。工厂原先采用常规仪表进行过程变量控制、采用继电器或小型PLC进行电动机开停的逻辑控制的地方，渐渐被DCS系统涵盖了。此外，生产过程控制系统又与工厂的管理信息系统连接起来，将过程控制系统采集到的全厂的实时生产数据及质量数据送入管理网进行分析、统计、存档，同时也将工厂各部门的管理子系统如备件备品库、原材料库、人事、劳动等各种数据进行分析、统计、存档，帮助企业管理者思维、判断与决策。

目前，生产线的过程控制主要是由集散型计算机控制系统DCS、自动化仪表及一些专用的自动化装置组成。DCS系统将这些仪表及自动化装置连接成一个完整的系统，对生产线的生产及产品实施监控。

(1) DCS系统控制的范围及结构。对于完整的生产线，DCS系统控制的范围通常设计成从原材料加工一直到成品发运的全程控制。

(2) DCS系统控制方式。由DCS系统对设备进行控制有两种模式。一种是所谓“集中优先”模式，另一种是所谓“机旁优先”模式。仅以后者为例加以说明：在DCS系统每台设备旁，设有按钮盒或控制箱，有“集中”“断开”“机旁”三种方式。在集中控制方式时，操作员在控制工作站键盘上输入指令，对电动机组及用电设备进行控制，设备的状态可在控制室的CRT上显示。在机旁控制方式时，可在机旁进行单机的开停，以满足单机试车的要求。在断开方式时，集中控制和机旁控制均无效，以保证设备检修人员的人身安全。

(3) DCS系统的主要功能。操作员工作站通过CRT和键盘完成生产过程的监控和操作，包括组启动、组停车及紧急停车的操作等，用电设备的备妥、运行、故障等状态的显示，生产过程参数的显示、设定、报警、记录和优化等控制，各种故障报警及工艺参数可由打印机打印出来。

现场控制站完成顺序逻辑控制和设备间的连锁，数字量和模拟量的数据采集、处理，PID回路的控制等。

网络系统完成各操作员工作站、各现场控制站之间的数据传输以及其他控制系统计算机双向数据通信等。

(4) MIS系统（生产管理信息系统）与DCS系统连接成网络。MIS系统运行在独立的以太网上，与现有的控制系统通过网关连接，只进行数据采集，不做控制，保证生产线可靠运行。

该网络结构如下：

① 网关。由一台微机及相应软件构成，连接DCS系统与MIS系统。

② 数据处理机。由一台微机构成，完成数据转换、统计、写数据库等数据采集工作。

③ 服务器。普通微机服务器，运行WindowsNT及数据库系统。

④ 网络交换机。快速连接所有工作站及服务器。

⑤ 工作站。普通微机，运行管理软件。

⑥ 投影仪。用于调度室，显示流程画面等信息，便于分析总结。

该网络功能如下：

① 显示实时工艺状态。即可对生产流水线上的重要工艺参数、设备状态、料位、喂料量等进行监视，画面定时刷新。

② 显示实时及历史趋势曲线。即能以曲线形式显示生产流程上重要工艺参数的实时及历史变化趋势。每屏幕显示两条曲线，并将相关的曲线放在一个屏幕显示，用于分析、对比。

③ 进行实时生产工艺参数查询。即可对当前生产流水线上的所有工艺参数、设备状态、料位、喂料量等情况进行分类查询。

④ 质量管理。即收集来自质检室或化验室的有关原料、燃料、半成品、成品的质量信息，对这些质量数据提供保存、查询、统计及多元线性回归分析等。

⑤ 生产分析。即根据DCS系统采集到的各种生产数据，用多种方法直观地分类列表，达到类比、统计的目的。包括如下内容：同比分析、产量分析、消耗分析、班次数据。

⑥ 整理生产报表。即完成工艺参数报表及统计最大值、最小值、平均值和标准偏差等报表。

⑦ 材料库管理。即完成材料库日常管理，如库存及出库查询、材料入库、材料出库、材料出入库冲正、参数设置等。

⑧ 设备库管理。即完成设备库日常管理，如库存及出库查询、设备入库、设备出库、设备出入库冲正、参数设置等。

⑨ 产品销售管理。即完成产品销售的日常管理，如统计日销售量、月销售量，分析产品生产与销售的趋势。

7.6 环境保护

环境保护是指人类为保护自然资源并使其得到充分合理的利用，防止自然环境受到污染和破坏，同时对受到污染和破坏的环境进行综合治理，以创造适合人类生活、劳动的环境。

7.6.1 设计中常采用的标准

固体废弃物资源化工程建设项目设计的标准主要有环境质量标准、污染物排放标准以及总量控制指标三类。这些标准随着时间的推移、社会经济的发展不断得以调整更新。目前常用的相关标准有：《地表水环境质量标准》(GB 3838—2002)，《地下水质量标准》(GB 14848—93)，《污水综合排放标准》(GB 8978—1996)，《土壤环境质量标准》(GB 15618—1995)，《环境空气质量标准》(GB 3095—1996)，《大气污染物综合排放标准》(GB 16297—1996)，《工业窑炉大气污染物排放标准》(GB 9078—1996)，《工业企业厂界噪声标准》(GB 12348—90)，《城市区域环境噪声标准》(GB 3096—93)，《工业企业设计卫生标准》(GBZ 1—2002)等。

7.6.2 环境保护设计的原则

1. 执行环境保护设计标准的原则

环境保护设计标准主要包括环境质量标准、污染物排放标准以及总量控制指标三类。

2. 预防为主和对环境影响最小化原则

在工程设计时要借鉴成熟的经验、采用先进的工程技术和工艺设备，尽量避免不利影响的产生，把对生态环境的影响降到最小程度。环境治理的设施必须与项目的主体工程同时设计、同时施工、同时投入使用。确保能减少、控制污染的排放。

3. 资源消耗最小化原则

工程建设要消耗大量的能源和资源，特别是建成投产后要长期消耗大量的能源和资源，因此，必须采取措施把能源和资源，特别是不可再生资源的消耗降低到最低程度。在项目建设和生产中充分采用集约度高的原料和燃料；采用节能工艺与设备，以减少能耗、提高能源效率；在采用节约热能的新工艺新技术的同时，大力回收余热，建立余热发电站或用其烘干物料；采用工业废弃物、工业副产物、城市垃圾和污泥等作为替代原料或替代燃料，替代率越高越好。

7.6.3 环境保护治理措施的设计

1. 污水防治

一方面在项目方案设计阶段尽量采用造成水污染少的原料、工艺技术和设备;另一方面在运营中对污水采用物理法、化学法、物理化学法、生物化学法等方法将污水中的污染分离、转化或分解,使污水得以净化,达到国家污水排放标准或中水回用标准。在确定污水治理方案时,要根据不同污水的特点和处理后要达到的要求,选择不同的处理技术和方法组成合理的工艺技术路线,达到污水处理的目的。

2. 噪声防治

要控制噪声,首先要在声源上控制,采用噪声产生少的生产工艺,选用噪声低的先进设备,在设备上安装隔声、消声设备进行防护,隔离强烈的噪声。其次在噪声发生地点采用吸声材料、设计共振吸声结构等方法吸声降噪。再从噪声传播途径上降低噪声,即在总平面布置时,将噪声源集中,建造绿化屏障带,阻减声波的传递,以达到减少噪声的目的。

3. 粉尘防治

对生产中产生的粉尘,可根据不同粉尘特性和除尘要求采用除尘工艺设备。除尘设备分为机械除尘器、湿式除尘器、过滤式除尘器、电除尘器、超声波除尘器这几类。机械式除尘器主要有重力式沉降室、惯性除尘器和旋风除尘器;湿式除尘器主要有喷雾塔洗涤器、旋风洗涤器和文丘里洗涤器;过滤式除尘器主要有袋式除尘器和颗粒层除尘器。

4. 废气防治

在工业生产过程中会产生各种有害气体,建筑材料行业生产中主要有如SO_2、NO_x、CO、有机废气、铅等重金属粒子、烟尘及生产中的扬尘。在项目建设阶段要选用先进工艺,最大限度地减少有害气体的产生,对产生的有害气体进行必要的治理。常用的治理方法有冷凝法、燃烧法、吸收法、吸附法、催化转化法。

第 8 章　工程概算与技术经济分析

8.1　工程概算的编制

工程总概算是控制建设项目基建投资、提供投资效果评价、编制固定资产投资计划、资金筹措、施工投标和实行投资大包干的主要依据，也是作为控制施工图设计预算的主要基础。总概算的编制要严格实行国家有关方针政策和规定，大、中型建设项目初步设计阶段编制总概算，施工图设计阶段编制施工图预算，技术设计阶段编制修正总概算，施工结束后编制决算。

概算与预算由设计单位编制，决算由生产单位编制，设计单位参加。编制工程概算要严格执行国家有关方针政策，如实反映工程所在地的建设条件和施工条件，正确选用材料单价、概算指标、设备价格和各种费率。

一个建设工程项目可以由一个或几个单项工程所组成。固体废弃物资源化工程项目中的破碎和筛分车间、主厂房等为单项工程。一个单项工程又可分解为建筑工程、设备及其安装工程等单位工程。

1. 工程概算文件的组成

① 编制说明。主要包括工程概况、编制依据、编制方法、投资分析、主要设备材料的数量和有关问题的说明。

② 建设项目总概算。包括基本建设项目从筹建到竣工投产使用的全部建设费用。

③ 单项工程综合概算。包括单项工程的全部建设费用。

④ 单项工程概算。

⑤ 其他工程和费用概算。

2. 概算投资的构成

概算的全部建设费用，按其投资构成可分为下列各项：

① 建筑工程费。包括：各种厂房、仓库、住宅等建筑物和筒库、水池、水塔、油库、烟囱等构筑物的建筑工程费用；铁路、公路、码头等建筑工程费用；各种管道、电力和电讯导线的铺设工程；设备基础、各种工业窑炉砌筑、金属结构工程费用；场地准备、厂区管理、植树、绿化和其他建筑工程的费用。

② 设备及工器具购置费。包括一切需要安装与不需要安装的设备购置费用。

③ 设备安装工程费。包括：各种需要安装的机械设备的装配、装置工程费用；与设备相

连的工作台、梯子等装设工程费用；附属于被安装设备的管线铺设工程费用；被安装设备绝缘、保温和油漆等工程费用；为测定设备安装工程质量而对单个设备进行试车的费用。

④ 其他费用。包括上述费用以外的各种费用。如：土地、青苗等补偿费、安置补助费和耕地占用税；建设单位管理费；建设单位临时设施费；研究试验费；生产职工培训费；办公和生活家具购置费；联合试运转补差费；勘探设计费；供电贴费；施工机械迁移费；引进技术和进口设备的其他费用；预备费等。

总概算表样式如表 8.1 所示。

表 8.1 总概算表

序号	工程和费用名称	单位	数量	建筑		公用							工艺		合计
				土建	构筑物	电力	照明	上下水	暖通	动力	变配电	仪表	设备及安装	筑炉	
1	2	3	4	5	6	7	8	9	10	11	12	13	14	15	16
	全厂总概算百分比(%)														
	第一部分 工程费用														
(一)	主要生产和辅助生产工程														
1.	原料库														
2.	原料车间														
3.	……														
(二)	公用设施工程														
1.	招待所														
2.	……														
(三)	生活、福利、文化、教育及服务性工程														
1.	俱乐部														
2.	……														
(四)	总体														
1.	运输道路														
2.	厂区防洪、上下排水														
	第一部分小计														
	第二部分 其他费用														
(一)	土地征购费														
(二)	试生产费														
(三)	……														
	第二部分小计														
	第一、第二部分费用合计														
	不可预见费用														
	总投资														

8.2　产品成本的编制

产品成本是企业在产品生产过程和销售过程中所发生的费用。产品设计成本反映所设计企业在全面达到设计指标时的正常生产管理水平。它是反映设计方案或设计企业技术经济效果的一项综合性质量指标，是评价设计经济合理性的主要指标之一。此外，它也可以作为企业生产准备时编制生产成本计划的参考。

1. 产品成本的组成

① 原料及主要材料。指直接用于制造产品，构成产品主要实体的各种原料、材料，包括外购半成品等。

② 辅助材料。指直接用于生产，有助于产品制造或便利生产的进行，但不构成产品实体的各种辅助性材料。

③ 工艺过程用燃料。指直接用于生产产品的各种燃料，如煤、重油或天然气等。

④ 工艺过程用动力。指直接用于生产产品的各种动力，如电力、蒸汽、压缩空气等。

⑤ 工艺过程用水。包括冷却用水。

⑥ 工人工资。指直接参加生产产品的工人的工资，包括基本工资和辅助工资。

⑦ 工资附加费。按生产工人工资数以规定的比例提成的劳保基金、医药卫生补助金、文教补助金、福利补助金以及由企业直接支付的劳动保护等费用。

⑧ 车间经费。指在车间范围内，为了管理和组织生产所需的各种管理费用。

⑨ 企业管理费。指企业管理部门为管理和组织属于全厂性生产的各项管理和业务费用。

⑩ 销售费用。指产品在销售过程中所需的各种费用，包括产品入库后出售时的包装费、运输费、广告费等。

2. 产品成本的计算

由于工业企业的生产规模、产品品种和工艺技术等的不同，成本的计算方法也有所不同。这里以粉煤灰砖厂为例，介绍成本的计算方法。

(1) 原料、燃料及材料费的计算

对各种外购原燃材料的费用，按单位产品需用该材料的消耗定额乘以该材料的单位价格(包括运杂费)计算。对自行加工的原材料(如粉煤灰、石灰石等)则应单独计算加工制造成本。

(2) 电费的计算

根据我国用电的分类，凡用户受电变压器容量在 320 kVA 以上的工业生产用电，属大工业用电。对大工业用电，按两部电价(即基本电价和电度电价)计算电费。其电费计算方法如下：

① 电度电费

$$F_1 = HJ_1$$

式中，F_1：电度电费，元/年；

H：全厂耗电量，(kW·h)/年；

J_1：电度电价，元/(kW·h)，按当地实际电价计算。

② 基本电费

$$F_2 = 12RJ_2$$

式中，F_2：基本电费，元/年；

R：变压器容量，kVA；或最大需量，kW；

J_2：基本电价，元/(kVA·月)或元/(kW·月)，按当地实际电价计算。

最大需量 R 可按下式计算：

$$R = \frac{H}{T_{max}} = \frac{qG}{T_{max}}$$

式中，T_{max}：最大负荷利用小时数，h/年，可查相关表格；

q：每吨固体废弃物资源化耗电量，kW·h/t，可查相关表格；

G：年产量，t/年。

对计算出的基本电费及电度电费，尚需根据工厂用电功率因素值的高低进行奖罚以调整电费。

③ 变(配)电所费用

在自设变(配)电所的工厂里，还需计算变(配)电所的年度费用，它包括变(配)电所的工人工资及附加费、固定资产折旧费与维修费及其他费用等。

(3) 工资及附加费的计算

基本工资按国家统一规定的等级标准进行计算；辅助工资指各种奖金和加班费、餐费等津贴，其数值可根据当地主管部门的规定计算，一般可按基本工资的一定百分数估算。附加费可按工资总额的11%提取。

(4) 车间经费和企业管理费的计算

车间经费包括：工资及附加费、固定资产折旧费及维修费、低值易耗品摊销费、消耗材料费、劳动保护费、水电费、办公费、采暖费、运输费、技术组织措施费以及其他费用。

企业管理费包括：工资及附加费、固定资产折旧费及维修费、低值易耗品摊销费、工会经费、办公费、差旅费、水电费、采暖费、劳动保护费、仓库费、研究试验检验费、消防费、人防费、利息及罚金、材料和产品盘盈盘亏、节约奖以及其他费用。

车间经费与企业管理费的计算方法基本类同。

① 工资及附加费。指车间及全厂性管理人员与服务人员的工资及附加费。工资标准可按当地有关规定或实际调查资料确定。

② 固定资产折旧费。折旧费包括基本折旧费和大修理折旧费。固定资产在使用过程中逐渐磨损，价值不断降低，为偿还固定资产的磨损，每年从成本中提取的那部分费用，称基本折旧费。为使固定资产处于良好状态，充分发挥其使用效能，延长使用期限所进行的大修理费用，称大修理折旧费。两者之和称综合折旧费。固定资产折旧费可按固定资产原值的一定百分数计算。

③ 固定资产维修费。指固定资产进行中修、小修与日常维护所耗的费用。维修费可参

考类似工厂按折旧费的一定百分数计算。

④ 为了简化设计成本的计算，车间经费和企业管理费中其他各项费用可参考类似工厂，按其工资及附加费、固定资产折旧费及固定资产维修费总和的一定百分数估算。

8.3　技术经济指标

技术经济指标是表明国民经济各部门、各企业对设备、原料、材料、劳动力等资源的利用情况及结果的指标，如工程项目的投资、产品成本、劳动生产率、净产值等。为了得出所设计工厂或个别车间生产能力的完整概念，以便与同类企业、车间进行比较，从而评价本设计的经济合理性，必须采用技术经济指标。但是评价一个工厂或一个技术方案，一项指标往往不能反映全面的状况，必须借助指标体系。

技术经济指标体系指一系列相互关联的技术经济指标有机体。它在一定程度上表征出整个企业或车间的"静态"经济性能，如面积、设备、固定资金等，以及"动态"经济性能，如产量、流动资金、产品成本等。对主要技术经济指标进行综合和分析，是工程设计中技术经济工作的重要内容之一。

8.4　经济效果评价

任何设计、任何经济活动，都有效用和费用的比较问题。一切设计方案和经济活动的决策都要取决于经济效果的评价。所以，正确评价工业生产的经济效果有着重要的意义。

设计方案的经济效果评价，要在详细的技术经济计算的基础上，通过能反映设计方案特点和全貌的技术经济指标体系，并同国内类似企业的平均指标及先进指标进行综合分析比较，权衡利弊，做出评价，论证设计在经济上的合理性。

初步设计经济效果评价常用的指标和方法如下：

(1) 投资指标

投资是指以货币表现的项目建设的总费用。它包括基本建设投资和流动资金两部分。基本建设投资是项目基本建设期间所付出的全部资金，由总概算所得。流动资金包括原料、材料、燃料、动力、半成品、在制品、协作件及工资基金等，为保证企业在储备、生产和销售三个过程中所必需的货币资金。

投资指标是影响基本建设经济效果的主要指标之一。为提高基本建设的经济效果，必须千方百计地降低投资。

(2) 劳动生产率

劳动生产率是劳动者在一定时间内创造出的一定数量的合格产品的能力，即产品数量与所消耗的劳动时间的比例，通常称效率。效率越高，经济效益就越好，能全面反映企业的生产技术水平和管理水平，是一个综合性指标。

劳动生产率是由生产规模、工艺特点、装备水平、自动化程度、操作及管理水平等各种因素决定的。

(3) 原料、材料、燃料及动力消耗

原料、材料、燃料及动力消耗也是影响经济效果的指标之一，为提高基本建设的经济效果，要采取措施降低原料、材料、燃料及动力消耗。

(4) 产品成本

产品成本是企业在产品生产过程和销售过程中所发生的费用。产品设计成本反映所设计企业在全面达到设计指标时的正常生产管理水平。它是反映设计方案或设计企业技术经济效果的一项综合性质量指标，是评价设计经济合理性的主要指标之一。此外，它也可以作为企业生产准备时编制生产成本计划的参考。

① 产品成本的组成

a. 原料及主要材料，指直接用于制造产品，构成产品主要实体的各种原料、材料，包括外购半成品等。

b. 辅助材料，指直接用于生产，有助于产品制造或便利生产的进行，但不构成产品实体的各种辅助性材料。

c. 工艺过程用燃料，指直接用于生产产品的各种燃料，如煤、重油或天然气等。

d. 工艺过程用动力，指直接用于生产产品的各种动力，如电力、蒸汽、压缩空气等。

e. 工艺过程用水，包括冷却用水。

f. 工人工资，指直接参加生产产品的工人的工资，包括基本工资和辅助工资。

g. 工资附加费，按生产工人工资数以规定的比例提成的劳保基金、医药卫生补助金、文教补助金、福利补助金以及由企业直接支付的劳动保护等费用。

h. 车间经费，指在车间范围内，为了管理和组织生产所需的各种管理费用。

i. 企业管理费，指企业管理部门为管理和组织属于全厂性生产的各项管理和业务费用。

j. 销售费用，指产品在销售过程中所需的各种费用，包括产品入库后出售时的包装费、运输费、广告费等。

② 产品成本的计算

由于工业企业的生产规模、产品品种和工艺技术的不同，成本的计算方法也有所不同。这里以新型干法水泥厂为例，介绍成本的计算方法。

a. 原料、燃料及材料费的计算。对各种外购原燃材料的费用，按单位产品需用该材料的消耗定额乘以该材料的单位价格(包括运杂费)计算。对自行加工的原材料(如石灰石、黏土、混合材等)则应单独计算加工制造成本。

b. 电费的计算。根据我国用电的分类，凡用户受电变压器容量在 320 kVA 以上的工业生产用电，属大工业用电。对大工业用电，按两部电价(即基本电价和电度电价)计算电费。

c. 工资及附加费的计算。基本工资按国家统一规定的等级标准进行计算；辅助工资指各种奖金和加班费、餐费等津贴，其数值可根据当地主管部门的规定计算，一般可按基本工资的一定百分数估算。附加费可按工资总额的 11% 提取。

d. 车间经费和企业管理费的计算。车间经费包括：工资及附加费、固定资产折旧费及维修费、低值易耗品摊销费、消耗材料费、劳动保护费、水电费、办公费、采暖费、运输费、技术组织措施费以及其他费用。企业管理费包括：工资及附加费、固定资产折旧费及维修费、低值易耗品摊销费、工会经费、办公费、差旅费、水电费、采暖费、劳动保护费、仓库费、研究试验检验费、消防费、人防费、利息及罚金、材料和产品盘盈盘亏、节约奖以及其他费用。

车间经费与企业管理费的计算方法基本类同。

(a) 工资及附加费，指车间及全厂性管理人员与服务人员的工资及附加费。工资标准可按当地有关规定或实际调查资料确定。(b) 固定资产折旧费，包括基本折旧费和大修理折旧费。固定资产在使用过程中逐渐磨损，价值不断降低，为偿还固定资产的磨损，每年从成本中提取的那部分费用，称基本折旧费。为使固定资产处于良好状态，充分发挥其使用效能，延长使用期限所进行的大修理费用，称大修理折旧费。两者之和称为综合折旧费。固定资产折旧费可按固定资产原值的一定百分数计算。(c) 固定资产维修费，指固定资产进行中修、小修与日常维护所耗的费用。维修费可参考类似工厂按折旧费的一定百分数计算。(d) 为了简化设计成本的计算，车间经费和企业管理费中其它各项费用可参考类似工厂按其工资及附加费、固定资产折旧费及固定资产维修费总和的一定百分数估算。

(5) 利润和税金

销售收入扣除销售成本就是盈利，盈利再扣除税金就是利润。

$$利润=年销售收入-上缴税金-年经营费(销售成本)$$

(6) 投资回收率

投资回收率是工程项目投产后所得年净收入与总投资之比，并以百分数表示：

$$投资回收率=\frac{年净收入}{总投资}\times 100\%$$

式中的总投资包括总固定投资和流动资金。

在我国，计算工程项目投资回收率时，根据出发点不同可以采取不同的计算方法。从国家角度出发，年净收入为企业利润、折旧费和税金之和。从企业的角度出发，年净收入只包括企业利润和折旧费。按我国惯例，折旧费的一部分要上缴，另一部分则由企业留作设备更新的改造资金。因此，在我国常采用两个与投资回收率相类似的指标来估计经济效果：

① 从国家角度出发的衡量指标：

$$投资利税率=\frac{企业利润+税金}{总投资}\times 100\%$$

② 从企业角度出发的衡量指标：

$$投资利税率=\frac{企业利润}{总投资}\times 100\%$$

(7) 投资回收期及贷款偿还期

投资回收期是指一个工程项目从开始投产到每年净收益将初始投资全部回收时所需要的时间，通常用“年”表示。

$$投资回收期=\frac{总投资}{年净收入}$$

年净收入的计算方法与计算投资回收率一样，从国家角度出发为：利润＋折旧费＋税金；从企业角度出发，净收入中不包括税金。国内贷款的偿还应全部视为国家投资所取得的利润，而不是国家投资本金的撤出。此外，从开始贷款起，就要偿还当年的贷款利息。

$$贷款偿还期=\frac{贷款的本金+利息}{利润}(精确到月)$$

(8) 内部收益率

建设项目在整个经营期间内所发生的现金流入量的现值累计数和现金流出量的现值累计数相等的贴现率,即为项目的内部收益率。设项目的内部收益率为 i_r,则有:

$$\sum_{n=0}^{N} R_n \frac{1}{(1+i_r)^n} = \sum_{n=0}^{N} D_n \frac{1}{(1+i_r)^n}$$

式中,R_n 为第 n 年的现金流入量;D_n 为第 n 年的现金流出量;N 为建设项目经营年限。

用内部收益率评价项目的经济效果的方法,称为内部收益率法。一个工程项目的内部收益率越高,说明这个项目的经济性越好。

(9) 盈亏平衡分析

盈亏平衡分析是根据投资项目的销售价格、固定成本和可变单位成本三者之间的关系,决定该项目的收支平衡点。在该点上,销售收入等于生产成本,盈亏恰好平衡。高于该点时,销售收入大于生产成本,项目盈利;低于该点时,销售收入小于生产成本,项目亏损。

年销售收入:$Y=pX$

年生产成本:$Y=vX+f$

式中,X 为产品年销售量或年产量;Y 为年生产成本或年销售收入;p 为产品单价;v 为单位产品的可变生产成本;f 为年固定生产成本。

当盈亏平衡时,年生产成本等于年销售收入,即

$$pX = vX + f$$

因此,盈亏平衡点的基本公式为:

$$X = \frac{f}{p-v}$$

(10) 敏感性分析

敏感性分析是为了说明投资项目的盈利率(或投资效果系数)如何随销售价格、生产量(销售量)和生产成本等因素的变化而变化的情况,在项目规划阶段使用的生产(销售)量、销售价格和生产成本基本上是估算的。这些因素可能在项目建设和生产时期发生变化,从而不可避免地要影响项目预期的投资效果。为了使投资项目能建立在可靠的基础上,尽量避免由于不确定因素产生的风险,有必要进行敏感性分析。如果某一因素,如生产成本、生产(销售)量、价格、项目服务年限等的变化引起项目盈利率较大幅度的变化,说明项目盈利率对这个因素敏感性大;反之,如果某个因素的变化引起项目盈利率的变化幅度较小,说明项目对这个因素不敏感或敏感性小。对敏感性较大的因素,在项目规划和设计阶段就应该进行深入地调查研究和分析,减少其不确定的程度,并设法加以调节控制,不致因为这个因素波动而引起投资项目经济效果的明显变化。

敏感性分析不仅对投资决策分析很重要,而且为项目投产后的经营决策也提供了重要的信息。

参 考 文 献

[1] 聂永丰. 固体废弃物处理工程技术手册[M]. 北京:化学工业出版社,2012.

[2] 宋立杰,陈善平,赵由才. 可持续生活垃圾处理与资源化技术[M]. 北京:化学工业出版社,2014.

[3] 中华人民共和国固体废物污染环境防治法,1996.

[4] 中国标准出版社. 城市垃圾产生源分类及垃圾排放:CJ/T 3033-1996[S]. 北京:中国标准出版社,1996.

[5] 国家环境保护总局,国家质量监督检验检疫总局. 生活垃圾焚烧污染控制标准:GB 18485-2001[S]. 北京:中国环境科学出版社,2001.

[6] 国家环境保护总局,国家质量监督检验检疫总局. 危险废物焚烧污染控制标准:GB 18484-2001[S]. 北京:中国环境科学出版社,2001.

[7] 五洲工程设计研究院. 生活垃圾焚烧处理工程技术规范:CJJ 17-2004[S]. 北京:中国建筑工业出版社,2009.

[8] 赵由才. 生活垃圾处理与资源化技术手册[M]. 北京: 冶金工业出版,2007.

[9] 董保澍. 固体废物的处理与利用[M]. 北京:冶金工业出版社,1999.

[10] 鲍健强. 循环经济概论[M]. 北京: 科学出版社,2009.

[11] 李为民. 废弃物的循环利用[M]. 北京:化学工业出版社,2011.

[12] 国家环境保护总局. 电子废弃物污染环境防治管理办法[Z]. 2007.

[13] 中国标准出版社第六编辑室. 城市生活垃圾处理标准汇编[G]. 北京:中国标准出版社,2010.

[14] 张益,赵由才. 生活垃圾焚烧技术[M]. 北京:化学工业出版社,2000.

[15] 徐晓军. 固体废弃物污染控制原理与资源化技术[M]. 北京:冶金工业出版,2007.

[16] 蒋家超. 矿山固体废弃物处理与资源化[M]. 北京:冶金工业出版,2007.

[17] 王福元,吴正严. 粉煤灰利用手册[M]. 北京: 中国电力出版社,2004.

[18] 杨伟军. 蒸压粉煤灰加气混凝土砌块生产及应用技术[M]. 北京:中国建筑工业出版社,2011.

[19] 陈胜强. 蒸压粉煤灰多孔砖:GB 26541—2011[S]. 北京:中国建材工业出版社,2011.

[20] 张勇. 中国循环经济年鉴[M]. 北京:冶金工业出版社,2016.

[21] 王毓华,王化军. 矿物加工工程设计[M]. 长沙:中南大学出版社,2012.

[22] 郑林义. 无机非金属材料工厂工艺设计概论[M]. 合肥:中国科学技术大学出版社,2008.

[23] 王绍文,梁富智,王纪曾. 固体废弃物资源化技术与应用[M]. 北京: 冶金工业出版社,2003.

[24] 张兴权. 固体废弃物资源化利用的生产工艺与技术[C]//中国环境科学学会环境工程分会. 全国固体废物处理与利用学术交流会论文集,2001.

[25] 肖金凯,杨卫东,冉清昌,等. 若干工业废物的性质与利用[M]. 贵阳: 贵州科技出版社,2000.

[26] 国家环境保护局. 国家环境保护最佳实用技术汇编[M]. 北京: 中国环境科学出版社,1993.

[27] 南票矿务局. 综合利用煤矸石[M]. 北京: 煤炭工业出版社,1978.

[28] 山东恒远利废技术发展有限公司. 粉煤灰综合利用[M]. 北京: 中国建材工业出版社,2013.

[29] 吴正直. 粉煤灰房建材料的开发与应用[M]. 北京: 中国建材工业出版社,2003.

[30] 殷志峰,郑青,何敏,等. 降低粉煤灰砂浆需水比的方法研究[J]. 粉煤灰,2011(4):15-17.

[31] 吉涛,方莹,李镇,等. 粉煤灰精细化利用现状及前景[J]. 混凝土,2012(1):76-80.

[32] 梁吉军,郭立朋,徐大利. 粉煤灰综合处理设备流程及设备选型[J]. 粉煤灰,2011(6):10-14.

[33] 张金山,彭艳荣,李志军.粉煤灰提取氧化铝工艺方法研究[J].粉煤灰综合利用,2012(1):52-54.
[34] 杜慧荣.预拌混凝土中双掺粉煤灰和矿渣粉的研究与应用[J].粉煤灰综合利用,2012(1):47-51.
[35] 石义生,聂强,陈磊.全玄武岩骨料碾压混凝土抗裂性能的影响分析[J].粉煤灰综合利用,2012(1):35-37.
[36] 张躬.浅谈粉煤灰在桥梁混凝土中的配合比[J].粉煤灰综合利用,2011(3):25-29.
[37] 王成启,张悦然.粉煤灰海工自密实高性能混凝土的试验研究[J].新型建筑材料,2011(9):63-66.
[38] 刘文永,付海明,冯喜春,等.高掺量粉煤灰固结材料[M].中国建材工业出版社,2007.
[39] 尤大晋.预拌砂浆实用技术[M].北京:化学工业出版社,2011.
[40] 高连玉,王炎.专用砂浆是推广新型墙体材料确保工程质量的关键[J].新型建筑材料,2011(10):21-26.
[41] 陈彦翠,晏拥华,万军,等.粉煤灰基干粉无机集料保温砂浆的试验研究[J].建材革新与建筑节能,2012(2):57-58.
[42] 刘福战.外墙保温体系抹面抗裂砂浆技术性能研究[J].粉煤灰综合利用,2011(1):36-40.
[43] 王栋民,张琳.干混砂浆原理及配方指南[M].北京:化学工业出版社,2010.
[44] 邓寅生,邢学玲,徐奉章,等.煤炭固体废物利用与处置[M].中国环境科学出版社,2008.
[45] 姚中亮.金属矿山充填的意义、充填方式选择及典型实例概述[J].金属矿山,2010(8):212-217.
[46] 李强,彭岩.矿山充填技术的研究与展望[J].现代矿业,2010(7):8-13.
[47] 张磊,吕宪俊,金子桥.粉煤灰胶凝活性及在矿山胶结充填中的研究与应用[J].矿业研究与开发,2010(4):22-25.
[48] 杨春保,朱春启,陈贤树.粉煤灰基多元复合胶结剂在全尾砂充填中的应用[J].金属矿山,2011(10):166-168.
[49] 范锦忠.粉煤灰陶粒的生产方法和主要性能[J].砖瓦,2007(9):114-117.
[50] 周运灿,朱卫中,董宝柱,等.黑龙江省轻集料混凝土砌块建筑应用调研[J].建筑砌块与砌块建筑,2011(2):12-18.
[51] 杨伟军,黎滨.混凝土小型空心砌块生产及应用技术[M].北京:中国建筑工业出版社,2011.
[52] 闫振甲.泡沫混凝土发展状况与发展趋势[J].墙材革新与建筑节能,2011(6):19-23.
[53] 王银生,曹素改,张志国,等.粉煤灰、矿渣生产泡沫混凝土的研制[J].粉煤灰综合利用,2011(6):39-41.
[54] 牛云辉,卢忠远,严云,等.泡沫混凝土整体现浇墙体工程应用研究[J].新型建筑材料,2011(3):25-29.
[55] 管文,张鑫.现浇屋面保温隔热粉煤灰泡沫混凝土制备及施工技术[J].粉煤灰,2011(2):44-46.
[56] 李应权,徐洛屹,王明轩,等.A级防火泡沫混凝土保温板[J].新型建筑材料,2012(6):69-88.
[57] 张水,李国中,姜葱葱,等.粉煤灰在水泥发泡轻质保温材料中应用的研究[J].粉煤灰,2011(6):3-7.
[58] 张强.土壤科学与可持续发展[M].北京:中国农业出版社,2010.
[59] 王福元,吴正严.粉煤灰利用手册[M].北京:中国电力出版社,2004.
[60] 袁立强,祁梦兰.改性粉煤灰处理工业废水的最新研究进展[J].粉煤灰综合利用,2011(3):46-53.
[61] 赵艳锋,林罡明,赵金瑞.粉煤灰处理酸性染料废水的研究[J].粉煤灰综合利用,2012(2):35-36.
[62] 顾同增.节能·利废·抗震·经济:一种多层住宅新体系的研究[J].建筑创作,1993(2):47-51.
[63] 刘明华.废旧橡胶再生利用技术[M].北京:化学工业出版社,2013.
[64] 刘明华.生物质的开发与利用[M].北京:化学工业出版社,2012.
[65] 刘明华.再生资源工艺和设备[M].北京:化学工业出版社,2013.
[66] 刘明华.再生资源分选利用[M].北京:化学工业出版社,2013.
[67] 胡涛,李爱平,徐海青,等.废旧橡胶的再生与利用[J].橡胶科技市场,2007,11:15-17.
[68] 何永峰,刘玉强.胶粉生产及其应用:废旧橡胶资源化新技术[M].北京:高等教育出版社,2005.
[69] 姜敏,寇志敏,彭少贤.废旧橡胶回收与利用的研究进展[J].合成橡胶工业,2013,3:239-243.

[70] 刘玉强,殷晓玲.胶粉的生产方法[J].弹性体,2001,3:40-43.
[71] 王丽敏,连永祥.废橡胶粉碎机粉碎磨盘专利技术进展[J].橡胶工业,2008,10:635-638.
[72] 刘超锋,杨振如.废旧轮胎生产胶粉的新工艺及胶粉利用的新技术[J].橡塑资源利用,2006,3:33-36.
[73] 杨顺根.关于橡胶粉生产设备问题[J].橡胶技术与装备,1997,5:11-12.
[74] 杨顺根.国内外橡胶机械现状与发展[J].橡塑技术与装备,2007,3:14-21.
[75] 钱伯章.我国废旧橡胶综合利用现状及发展[J].橡塑资源利用,2014,1:19-35.
[76] 王丹红,朱曙梅,吴文晞,等.废旧塑料种类鉴别方法的探讨[J].引进与咨询,2005,5:46-47.
[77] 汤桂兰,胡彪,康在龙,等.废旧塑料回收利用现状及问题[J].再生资源与循环经济,2013,1:31-35.
[78] 童晓梅.废旧塑料种类鉴别方法探讨[J].塑料科技,2007,3:76-79.
[79] 吴自强,张季.废旧塑料的处理工艺[J].再生资源研究,2003,2:10-13.
[80] 黄兴元,乐建晶,柳和生,等.废旧塑料再生造粒工艺浅析[J].工程塑料应用,2015,4:134-138.
[81] 孔维荣,张云灿.废旧轮胎胶脱硫再生方法研究进展[J].高分子通报,2014,2:78-96.
[82] 杨羽庆.浅谈橡胶再生方法及生产工艺[J].军民两用技术与产品,2015(4):113-113.
[83] 钱伯章,朱建芳.废旧橡胶循环利用与技术进展[J].橡塑资源利用,2010,4:30-40.
[84] 李志华,马涛,周云杰.废旧橡胶裂解方式及其工艺设备[J].橡胶工业,2014,5:316-319.
[85] 舒满星,彭少贤,赵西坡,等.固相剪切法与超声波法再生废旧橡胶的研究进展[J].合成橡胶工业,2009,5:357-360.
[86] 吴翠,廖小雪,陈荣凤.废旧橡胶脱硫再生胶的研究现状[J].特种橡胶制品,2010,5:66-70.
[87] 曹庆鑫.从再生橡胶看废旧橡胶再制造产业发展[J].橡胶科技市场,2011,4:4-7.
[88] 汤桂兰,胡彪,康在龙,等.废旧塑料回收利用现状及问题[J].再生资源与循环经济,2013,1:31-35.
[89] 齐萍.废旧聚乙烯非高温催化裂解研究[D].南昌:南昌大学,2007.
[90] 方永奎,邱安娥,贡学刚.利用废旧塑料生产汽柴油的研究[J].炼油与化工,2002,4:19-21.
[91] 钟红燕,刘旭,袁茂强,等.塑料膜片破碎机的结构与设计研究[J].中南林业科技大学学报,2009,6:184-188.
[92] 苑志伟,陈志达,张国立,等.一套国产废塑料自动清洗、粉碎、脱脂、分离设备[J].再生资源研究,2001,4:17-19.
[93] 刘启东,周建民.混凝—砂滤—活性炭吸附工艺处理废旧塑料清洗废水[J].工业水处理,2007,3:78-79.
[94] 高涛,章煜君,潘立.我国废旧塑料回收领域的现状与发展综述[J].机电工程,2009,6:5-8.
[95] 吕传毅,杨先海,李本根.生活垃圾塑料分选及利用技术研究[J].环境工程,2005,1:45-47.
[96] 王晖,顾帼华,邱冠周.废旧塑料分选技术[J].现代化工,2002,7:48-51.
[97] 熊秋亮,黄兴元,陈丹.废旧塑料回收利用技术及研究进展[J].工程塑料应用,2013,11:111-115.
[98] 王颖.废旧塑料的分离方法和回收利用[J].塑料,2002,31(4):29-32.
[99] 姚巧福,侯跃魁,张东旭.5XC-100型风选机的研制[J].中国种业,2015(10):46-48.
[100] 朱占江,李忠新,杨莉玲,等.6XG-2000型空瘪核桃风选机的研制[J].新疆农机化,2014(3):14-15.
[101] 纵丽英,徐永生.FX-12型风选机在哈煤公司的应用[J].选煤技术,2005(2):27-28.
[102] 高根树,王锦芳,张虎元,等.城市生活垃圾塑料风选系统[J].轻工机械,2009,27(2):104-106.
[103] 刘广宇.X射线分选机在钼矿预选中的试验与研究[J].现代矿业,2009(10),75-77.
[104] 吕洁,杨新,李照果.色选机在塑料自动分选中的应用[J].城市建设理论研究(电子版),2015,5(16):1613-1614.
[105] 史金炜,张立群,江宽,等.废橡胶脱硫再生技术及新型再生剂研究进展[J].中国材料进展,2012,31(4):47.
[106] 江镇海.我国废旧轮胎综合利用的现状与发展[J].橡胶参考资料,2011,41(5):2-5.
[107] 李琳.废旧橡胶低温粉碎技术研究发展及趋势[J].再生资源与循环经济,2011,4(10):38-41.

[108] 杜琳琳.橡胶低温粉碎技术综述[J].广东化工,2012,39(8):93-95.
[109] 郑惠平,徐文东,边海军,等.废旧橡胶低温粉碎技术研究进展[J].化工进展,2009,28(12):2242-2247.
[110] 熊永强,华赍,罗东晓,等.天然气管网压力能用于废旧橡胶粉碎的制冷装置[J].现代化工,2007,27(1):49-52.
[111] 徐文渊,蒋长安.天然气利用手册[M].北京:中国石化出版社,2002:294.
[112] 宋玉,赵由才.废汽车回收处理技术的研究进展[J].有色冶金设计与研究,2007,28(23):103-107,112.
[113] 严伯昌.废旧轮胎回收利用环保节能利国利民[J].中国汽车市场,2007(8):64-67.
[114] 韩飞,李治琨.日本废旧轮胎的再循环利用技术[J].环境保护,2002(4):45-47.
[115] 于清溪.世界翻胎行业生产现状与发展前景[J].轮胎工业,2006,26(9):527-533.
[116] 徐响,漆新华,庄源益.废旧轮胎综合利用现状简介[J].天津化工,2006,20(6):1-3.
[117] 方芳,周勇敏,张继.废轮胎回收制胶粉及其应用进展[J].材料科学与工程学报,2007,25(1):164-168.
[118] 史新妍,辛振祥,金振国.废旧轮胎胶粉的加工及改性[J].橡塑技术及装备,2005(31):11-13.
[119] 刘超锋,杨振如.废旧轮胎生产胶粉的新工艺及胶粉利用的新技术[J].橡胶资源利用,2006(3):33-36;42.
[120] 李元苏.利用废旧轮胎采用冷热交换技术生产微细胶粉的方法[J].轮胎工业,2005(25):209.
[121] 沈伯雄,吴春飞,史展亮,等.废旧轮胎催化热解油品分析[J].化工进展,2007,26(1):82-85.
[122] 薛大明,全燮,赵雅芝.废旧轮胎热解过程的能耗分析[J].大连理工大学学报,1999,39(4):519-522.
[123] 薛大明,赵雅芝,全燮.废旧轮胎热解过程的温度效应[J].环境科学,1999,20(6):77-79.
[124] 赖亦萍,王素波,周海洋.废旧轮胎热解生产炭黑[J].炭黑工业,2005(5):13-15.
[125] 夏定松,应作霆,徐俊彦.浅谈无剥离微负压废旧轮胎热解技术产业化[J].弹性体,2003,13(1):26-29.
[126] 段金明,周敬宣,李恒,等.废旧轮胎复合型吸声屏障的研究与应用[J].公路,2006(1):114-117.
[127] 赵文瑾,刘佳.废轮胎(橡胶)热裂解回收利用的新进展[J].橡塑技术与装备,2010(36):10-15.